決定版
育てる・楽しむ
失敗しない
ハーブ作り

永田ヒロ子

講談社

はじめてのハーブ

ハーブには、お茶や料理、アロマなど
多くの楽しみがあります。
自分で育てた安全なハーブを、おいしく楽しく使いましょう。

ハーブとは

ハーブは、「おもに香りがあり、暮らしに役立つ植物の総称」です。

ひと昔前には、ハーブが「ハーブ」という名前を持つ、一つの植物だと思われていたこともありましたが、最近ではハーブへの関心がますます高くなり、ハーブといえばミント、ローズマリー、ラベンダーなどの名前がすぐにあがるようになりました。洋風な料理にハーブを使うことも普通になっています。

薬効を含むものも多く、お茶や料理、クラフトやヘルスケアなど、さまざまな用途があります。

また「ハーブ」は、ヨーロッパでの通称ですが、中国の漢方で用いる薬草や日本のショウガやワサビ、シソなども、ハーブといってよいでしょう。

ハーブの歴史

ヨーロッパのハーブの歴史は大変に古く、古代ギリシャ、ローマ時代にまでさかのぼります。化学薬品のない時代、人々は暮らしに役立つ植物を見つけて、それを利用する方法を生み出してきました。中世には、修道院に薬草園が作られ、ハーブが栽培されていました。

ハーブを利用するルーツになっています。いくつもの時代を経て、途中新たな発見も加わり、その方法が、今日私たちがハーブを利用するルーツになっています。

実用的に用いることのみならず、詩に謳（うた）われ、文学に登場し、絵画に描かれ、手工芸のモチーフになったりしています。シェイクスピア作品には多くのハーブが登場します。イギリスの推理小説「修道士カドフェルシリーズ」の主人公は、修道院で薬草園の管理をしています。

生活にハーブを

ハーブには、使う楽しみと、育てる楽しみがあります。ハーブを買って使うのもよいですが、自分で育てたハーブを使えば、より安心です。フレッシュなハーブならではの、すがすがしい香りのシャワーを浴びる贅沢感があるでしょう。

はじめのうちはハーブの栽培や利用法が分からなくても、故・柳宗民先生は、「一つのハーブについて徹底的に学べば、自ずと全体が分かるようになる」とおっしゃっていました。

好きなハーブや気になるハーブを一つ見つけて、育てて使ってみましょう。日常生活でハーブを利用するようになると、季節をいとおしみ、ていねいに暮らせるようになると思います。

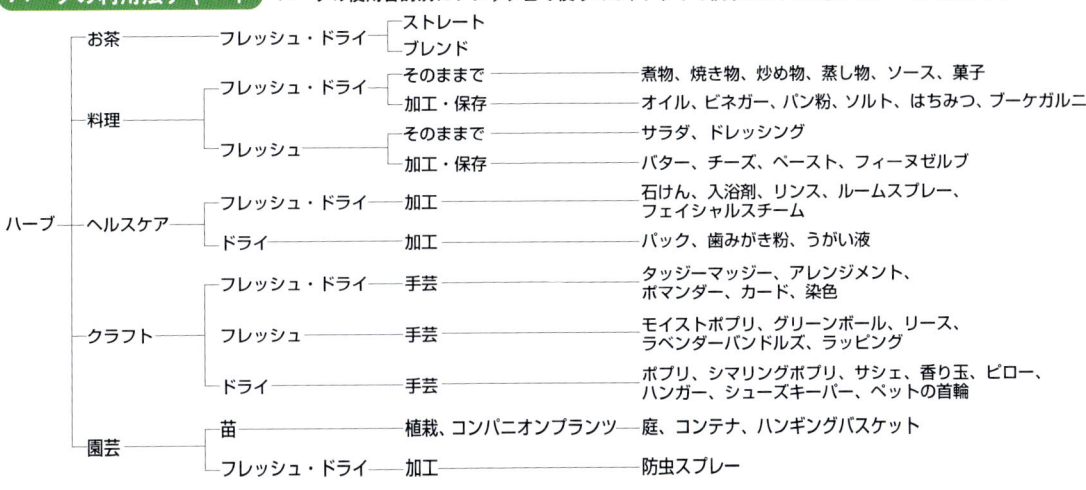

ハーブの利用法チャート ハーブの使用目的別にフレッシュで使うのか、ドライで使うのか、また使い方が一目で分かる！

ハーブの利用上の注意

原則として、必ず左記のルールを守り正しく使いましょう。自生のハーブを採取するのは止めましょう。

有毒ハーブに注意

サザンウッドやサントリーナなどの防虫効果の高いハーブや、フォックスグローブのような毒性のあるハーブは食用できません。それ以外のハーブでも、幼児、妊娠中、授乳中、体調がよくないとき、アレルギー体質、持病のある人は使用前に医師に相談しましょう。異常が現れた場合は、すぐに使用を中止してください。また、子どもの手の届かないところで管理しましょう。特に観賞用に有毒ハーブを栽培する場合は、目印をつけ、誤って利用しないよう、管理に十分な注意が必要です。

過剰に摂取しない

個人の体質はそれぞれに違い、また日によっても体調は異なるため、ハーブティーの飲用や、そのほかの利用で何かの異常を感じた場合は、すぐに使用を止めること。どんなハーブでも過剰に飲んだり食べたりすることは控えましょう。

エッセンシャルオイルに注意

原液のままでは非常に成分が濃いため、肌などに直接つかないように取り扱いは慎重に。香りをかぐときは、開けたビンに鼻を近づけすぎないこと。使ったらすぐにふたを閉めること。冷暗所で保管すること。万一肌についた場合はすぐに拭き取り、石けんでよく洗い流すこと。

薬用ハーブに注意

医師の管理外では、ハーブを治療目的で使用してはいけません。薬事法で医薬品に分類されていないハーブでも、強い効能を持つものがあるため注意が必要です。それでも異常が見られる場合は、医師に診てもらいましょう。

3

決定版 育てる・楽しむ 失敗しないハーブ作り 目次

はじめてのハーブ ……… 2
ハーブの利用上の注意 ……… 3

I ハーブティーの香りでリラックスするひと時 ……… 8

心と体にやさしいハーブティー ……… 10
シーンと効果で選ぶハーブティー ……… 11
ハーブティーのおいしいいれ方 ……… 12
ハーブティーのバリエーション ……… 13
ハーブティーを楽しむコツとアイディア ……… 14

ハーブティーのハーブ図鑑

コモンマロウ・ジャーマンカモマイル ……… 16
ステビア・セントジョーンズワート ……… 17
ドクダミ・ハトムギ ……… 18
ヘザー・ペパーミント ……… 19
ポットマリーゴールド・メドウスイート ……… 20
ラズベリー・リンデン ……… 21
レモングラス・レモンバーベナ ……… 22
レモンバーム・ローズヒップ ……… 23
ローゼル・ワイルドストロベリー ……… 24

II ハーブを使ってかんたんクッキング ……… 26

クッキングハーブの使い方 ……… 28
ハーブは料理を引き立てる ……… 29
ハーブは魔法の万能「だし」 ……… 30
キッチンでのハーブの扱い方 ……… 31
フレッシュハーブの保存 ……… 32
加工したハーブの保存 ……… 33

クッキングレシピ

ハーブオイル・ハーブビネガー ……… 35
ハーブパン粉・ハーブソルト ……… 36
ジェノバペースト・ハーブはちみつ ……… 37
ハーブバター・ハーブチーズ ……… 38
トマトのチーズグラタン ……… 39
チキンのハーブ焼き ……… 40
ポークソテー ……… 41
ラムチョップ ……… 42
さんまのグリル ……… 43
シーフードスープ ……… 44
ポトフ ……… 45
グリーンサラダ ……… 46
トマトソースのパスタ ……… 47
サンドイッチ ……… 48
おにぎり・ピクルス ……… 49
スノーボールクッキー・ヨーグルトソース ……… 50
クリスタライズドハーブソルト・ハーブアイス ……… 51

クッキングのハーブ図鑑

アニス・アーティチョーク ……… 52
イタリアンパセリ・オレガノ ……… 53
ガーリック・キャラウェイ ……… 54

III 自然の香りと効果で、暮らしに役立つハーブ …72

ハーブの香りで生活をさわやかに …74

ヘルスケアレシピ

- ハーブ石けん …76
- フェイシャルスチーム・ハーブパック …77
- ハーブ歯みがき粉・ハーブうがい液 …78
- ハーバルバス・バスソルト・バスポプリ …79
- ハーブリンス・ルームスプレー …80

ヘルスケアのハーブ図鑑

- アロエベラ・エキナケア …81
- コモンセージ・コモンタイム …82
- コモンラベンダー・ターメリック …83
- ティーツリー・ユーカリ …84
- ローズ・ローズマリー …85

- クレソン・ゲットウ …55
- コリアンダー・サフラン …56
- サラダバーネット・サンショウ …57
- シソ・ショウガ …58
- スペアミント・セイボリー …59
- スイートバジル・スイートマジョラム …60
- セリ・ソレル …61
- ダンデライオン・チャービル …62
- チャイブ・ディル …63
- ナスタチウム・ニガウリ …64
- ネトル・フェンネル …65
- フレンチタラゴン・ユズ …66
- ルバーブ・レッドペッパー …67
- レモンタイム・ローリエ …68
- ロケット・ワサビ …69

IV ハーブを使ってキュートなクラフト作り …86

- ポプリはハーブクラフトの基本 …88
- ハーブでラッピング フレッシュハーブの タッジーマッジー（香りの花束） …91
- ドライハーブの作り方 …92
- 香りのハーブで魔法のクラフト …94
- お気に入りのハーブでハーブ染め …96

クラフトレシピ

- ポプリボックス・シマリングポプリ …98
- モイストポプリ …99
- ドライタッジーマッジー …100
- ミニリース・グリーンボール …101
- ラベンダーバンドルズ …102
- フルーツポマンダー …103
- モビールカード・バレンタインカード …104
- レースペーパーサシェ …105
- サシェ …106
- コミュニケーションサシェ …107
- 香り玉・カメリア風サシェ …108
- スリープバッグ …109
- 香りのハンガー …110
- シューズキーパー …111
- ペットの首輪 …112

クラフトのハーブ図鑑

- アニスヒソップ・カレープラント …114
- キャットニップ・クローブピンク …115
- コストマリー・コモンヤロウ …116
- サザンウッド・サントリーナ …117
- センテッドゼラニウム・ダイヤーズカモマイル …118
- タデアイ・タンジー …119

チーゼル・ベニバナ	123
ホップ・マートル	122
マウンテンミント・ミントマリーゴールド	121
ラムズイヤー・ワームウッド	120

V 失敗しない、ハーブの育て方と楽しみ方 … 124

まず、ハーブを育ててみよう	126
ハーブガーデンで育てて使う楽しみ	127
緑の彩りを楽しむハーブの庭	128
ベランダでハーブを育てるコツ	145
ハーブは有益なコンパニオンプランツ	146
ハーブ栽培の道具と資材	147
土を知って健康なハーブに	148
苗選びとコンテナ（鉢）選び	150
苗の植え付け	151
種まきからのハーブ栽培	152
日々のケアとそのポイント	153
病害虫予防と対策	154
ハーブ栽培に必要な肥料	155
株分けと挿し木の方法	156

ガーデニングレシピ

2段重ねのコンテナ・クリスマスコンテナ	131
バスケットコンテナ・コンテナリース	130

ガーデニングのハーブ図鑑

イカリソウ・エルサレムセージ	132
オケラ・オリーブ	133
オリス・カラミント	134
観賞用オレガノ・観賞用セージ	135
グラウンドアイビー・クロモジ	136
コーンフラワー・スイートバイオレット	137
チェイストツリー・デッドネトル	138
ニゲラ・ハニーサックル	139
ヒソップ・ビューグル	140
フィーバーフュー・フォックスグローブ	141
フラックス・ベルガモット	142
ボリジ・ユキノシタ	143
ルー・レディスマントル	144

図鑑の見方	7
栽培用語解説	157
ハーブ図鑑索引	158

ハーブの常識

フレッシュ？ ドライ？	12
お茶に使う前に要注意！	12
適量をいれること	12
ハーブティーの飲用は注意も必要！	14
米びつに唐辛子	31
簡単で見栄えのするハーブチーズ	33
おいしい期間内に使い切ろう！	35
水けはしっかりとって	37
フレッシュハーブの保存の注意	46
農薬の使用の注意	50
浸出液は飲まないこと！	75
ハーブづくしで香りのバスタイム	79
アイディアとセンスで生活空間を彩る	97
さまざまな器を試してみよう！	98
交換時期をチェックして	111
ペットにボディリンスケア	112
はさみの手入れ方法	147
鉢下の風通しにポットフット	149
鉢のサイズ規格	151

ハーブの小径

ハーブの香りのひみつ	15
名前は似ていても使い方が異なるハーブ	25
スパイスになるハーブの種たち	34
ちょっとまじめなハーブの話1	70
ローズマリーというハーブ	78
ちょっとまじめなハーブの話2	113

図鑑の見方

図鑑は、利用別にお茶、料理、ヘルスケア、クラフト、園芸の5つに分かれています。
ただし、ほとんどのハーブにはさまざまな用途があります。
図鑑内のハーブの順番は50音順となっています。
各ハーブの本分類以外の利用法は、❼の「利用法」の欄に記載しています。
データは東京の平野部標準で表示してあります。

図鑑データの読み方

❶ **セントジョーンズワート**
❷ *Hypericum perforatum*
❸ オトギリソウ科　多年草
❹ 原産地：ヨーロッパ〜アジア西部
❺ 別名／和名：――／セイヨウオトギリソウ
❻ 利用部分：葉、花
❼ 利用法：お茶、ヘルスケア、染色
❽ 特徴：英名のSt.John's wort（聖ヨハネの草）は、聖ヨハネが処刑された8月頃に花が満開になることにちなむ。古来ヨーロッパでは、悪魔、魔女を遠ざける力のあるハーブとされていた。近年では抗ウイルス、抗菌作用などに有効と認められ、お茶は緊張を和らげ、不眠、抑うつなどに効果的とされる。花の浸出油はねんざなどに外用する。日本に自生するオトギリソウも打撲、切り傷などの民間薬とされている。花は黄〜橙色系統の染料にもなる。
❾ 栽培のポイント：地下茎は横に広がる性質のため、植える場所を考慮する。
❿ 注意：内用外用とも使用後は日光に当たらないこと。薬と併用の際は医師に相談する。妊娠中は使用しない。
栽培データ　⓫ 日当たり：☀　耐寒性：あり ⓬
⓭ 草丈：50〜60cm　広がり：15〜45cm

⓮
1	2	3	4	5	6	7	8	9	10	11	12
		植え付け						植え付け			
					開花						
					収穫						
		株分け					株分け				

❶ 植物名：原則として、その植物がハーブとして使われる場合の名称。

❷ 学名：その植物の世界共通の名称。

❸ 植物分類学上の科名と園芸学的分類など。

❹ その植物、あるいは園芸種の親となった植物が自生している代表的な地域。原産地が分かると栽培のヒントになる。

❺ 別名や通称、日本での呼び名。

❻ そのハーブのおもな利用部位。

❼ そのハーブのおもな利用法。

❽ 容姿的な特徴やルーツ、学名の由来、昔の利用法から現在における利用法、そのハーブにまつわるエピソードなどを適宜記載。

❾ 栽培するにあたってのアドバイス。

❿ 利用上の注意点。

⓫ そのハーブが好む日照条件。
☀…日当たりのよいところが適する
🌤…半日陰が適する
☁…日陰に適する、または日陰に耐える

⓬ そのハーブが越冬できるおおよその温度。
あり…―11℃以下
なし…3℃以上
半耐寒…2〜―10℃

⓭ おもに収穫期でのおおよその大きさ。

⓮ 栽培カレンダー。おおよその生育暦と栽培暦を適宜示した。

I
How to make HERB tea

ハーブティーの香りで
リラックスするひと時

ハーブの香りや味をストレートに楽しめるハーブティー。
ハーブティー向きのハーブを寄せ植えしておくと、
いつでも手軽にフレッシュなハーブティーを味わえます。

レモンバーム

ハーブティーには多くの効能がある。

お茶にできるハーブはたくさんあります。
お気に入りの香りと味を見つけて。

フレッシュハーブは摘みたての生の葉をそのまま使い、
ドライハーブは収穫後、十分に乾燥させてから使います。
ハーブは手荒に扱うと、香りがなくなり、葉の色が悪くなってしまいます。
フレッシュもドライも収穫後にさっと水洗いしますが、
やさしく洗い、やさしく水けをとるのがポイントです。
ドライハーブは乾燥後、冷暗所で保存します。使う前に香りを確認して、
変化・消失していたり、時間が経ったものは使わないようにしましょう。

心と体にやさしいハーブティー

ハーブを育てて収穫し、そのハーブでお茶をいれましょう。
収穫が待ちきれないなら、ハーブを買ってきてもOK！

ハーブティーで生活を健やかに

フランス語で「ティザーヌ」というやさしい響きの言葉で呼ばれているハーブティー。かつてのヨーロッパでは紅茶よりも日常的な飲み物でした。お茶として飲むことで鼻から脳に香りが直接働きかけるためにアロマ効果も期待できます。ストレスの多い現代、ハーブティーは心身ともに健やかに生活する助けとなってくれることでしょう。

ハーブティーはビタミン、ミネラルを含み、カフェインを含まないアルカリ性飲料です。体のバランスもうまく保たれ、免疫力もアップして、気がつけば風邪を引きにくくなっていたりします。また、いくつかのハーブをブレンドすることによって風味もよくなり、それぞれの持つ作用を強めたり、補い合ったりする神秘的な力、優れた特性が働きます。

ハーブティーの演出効果

ハーブティーの中には、レモンのスライスを浮かべると色が変化するコモンマロウのハーブティー、ジャーマンカモマイルやレモンバーベナのように思わず見とれてしまうほど美しい水色のお茶になるものがあります。ドライハーブのローズ、リンデン、ポットマリーゴールド、ペパーミントなどは、ポットの中をポプリのように美しく見せてくれます。

友人たちとのティータイムでは、ティーカップから漂う香りが素敵な時を演出してくれます。自分の手で育てたハーブが与えてくれる幸せな時間。それはなんて素敵で贅沢なひと時でしょう。

なお、フレッシュハーブは摘みたての生の葉をそのまま使い、ドライハーブは収穫後、乾燥させて使います。収穫時期や乾燥方法は、P90を参照してください。

TEA HERB CONTAINER

リンゴのような香りのするカモマイルティーにベルガモットを加えて、味のアクセントを楽しむコンテナ。スタイリッシュなベルガモットで立体的なデザインも楽しめる。

ハーブティーに使うハーブを寄せ植えしたコンテナ
- ローマンカモマイル
- ジャーマンカモマイル
- ベルガモット

シーンと効果で選ぶハーブティー

体をいたわり、サポートする働きがあるハーブ。それぞれのハーブの特性を知って使うと、より効果的です。

リラックスに役立つハーブ

ストレスフルなときなど、気持ちを落ち着かせ、ゆったりした気分にしてくれます。**ジャーマンカモマイル**は、やさしいリンゴの香りで体も温まり、**レモンバーム**は、さわやかなレモンの香りが心を癒します。

● レモンバービーナ、リンデン、コモンラベンダー、ローズヒップ、レモングラス、バジル、ローズなど

リフレッシュに役立つハーブ

もうひと頑張りが必要なとき、心身が疲れているときに気分を変えてくれます。**ペパーミント**は、メントールのさわやかな香りで心身ともにすっきり！ ローゼルはルビー色のお茶で、クエン酸を含み、疲労回復に役立ちます。

● ジャーマンカモマイル、スペアミント、レモンバーム、コモンラベンダーなど

心地よい眠りに役立つハーブ

体を温めて気持ちを安静にしてくれます。**スイートマジョラム**は神経が穏やかになり、眠りにつきやすくなります。リンデンの花のお茶は柔らかな香りで、気持ちが穏やかになります。

● レモングラス、ローズマリー、ローズ、ローズヒップ、レモンバーム、レモンバービーナ、コモンセージなど

美容と健康に役立つハーブ

ミネラル、ビタミンCを含み、女性特有のトラブルに働きかけて、助けになります。**ローズヒップ**はビタミンCの宝庫といわれ、注目を集めています。**コモンセージ**は血行をよくし、低血圧や更年期障害などに役立ちます。

● ローズ、ローズマリー、サフラン、ヤロウ、ポットマリーゴールド、ジャーマンカモマイル、レモンバーム、コモンラベンダー、レモンバービーナなど

I　ハーブティーの香りでリラックスするひと時 ● 心と体にやさしいハーブティー／シーンと効果で選ぶハーブティー

TEA HERB CONTAINER

さわやかなレモン系の香りが楽しめるハーブティーのコンテナ。ミントをプラスしてもおいしく、甘味はステビアで加減できる。

ハーブティーに使うハーブを寄せ植えしたコンテナ
- レモングラス
- レモンバーム
- レモンバービーナ
- ステビア

ハーブティーのおいしいいれ方

基本通りにいれるだけで、ハーブティーはおいしく楽しめます。

適量が大切

自分で育てたフレッシュハーブやドライハーブ、または、お店で買ったものを使ってもよいでしょう。さまざまなハーブをブレンドして試してみましょう。

● **材料（カップ1杯分）**
粗く刻んだハーブ（フレッシュなら大さじ1、ドライなら小さじ1）、熱湯150cc

❶ ポットにハーブを入れる

温めたポットに刻んだハーブを入れる。フレッシュハーブをそのまま入れて葉の美しさを楽しむ場合は、ポットに入れすぎないように。

❷ ポットに湯を注ぐ

沸騰したての湯を①に注ぎ、香りを逃がさないように素早くふたをする。ハーブの種類や使う部分によってエキスの出具合が異なるため、様子を見ながら3〜5分蒸らす。

❸ カップに注ぐ

カップはあらかじめ温めておき、ハーブティーの濃さを均一にするため、ポットを軽く揺すってカップに注ぐ。ポットがハーブティー専用でない場合は、茶こしを使う。

 ハーブの常識

フレッシュ？ ドライ？

ハーブティーは、フレッシュハーブにドライハーブを足すなどして一緒に入れてもOK。フレッシュが利用できる時期はフレッシュ、そうでないときにはドライのハーブを使うのがおすすめです。

お茶に使う前に要注意！

毒性のあるハーブは当然のこと、薬草として特別に利用されているハーブや、防虫効果の高いハーブは、よく調べてから使うこと。

適量をいれること

ハーブの量と蒸らし時間を守り、濃くいれないこと。量を多くすれば効果的ということはありません。

ハーブティーのバリエーション

ハーブティーは、お茶として飲むだけでなく、ほかのお茶や飲み物などとブレンドしても楽しめます。

ハーブティーの意外なおいしさ

紅茶や日本茶、ウーロン茶とも、ハーブは相性バツグン。これらのお茶にハーブをブレンドしても楽しめます。また、ほかの飲み物との取り合わせもおすすめです。ちょっと甘めのリキュールを眠りに役立つホットのハーブティーに数滴垂らせば、ぐっすり眠れることでしょう。

紅茶ブレンド

お茶にできるほとんどのハーブは紅茶と好相性。特にジャーマンカモマイル、コモンセージ、ペパーミント、スペアミント、レモングラス、レモンバーム、コモンラベンダーがおすすめ。紅茶7～8割に対してハーブ2～3割が目安です。

ミルクブレンド

ハーブティーの量は、全体の6割程度に。温めたミルクといれたてのハーブティーを合わせます。ミルクに合うハーブはジャーマンカモマイル、コモンセージ、コモンタイム、ペパーミント、スペアミント、ローズマリーなど。

フルーツブレンド

多くのハーブティーに合うのがレモンスライス。スペアミントやペパーミントのお茶にはオレンジのスライスが相性バツグン！ジャーマンカモマイルのお茶にオレンジスライスやリンゴの小片を入れると、香りがとても豊かになります。

サイダーブレンド

ハーブティーを濃いめにいれて冷まし、冷たいサイダーと3対2の割合で合わせれば、さわやかで甘みのある飲み物になります。おすすめは、酸味が強めのハイビスカス＋ローズヒップのハーブティー。カルピスとのブレンドも美味！シャンパンと合わせれば小粋な大人の味です。

紅茶ブレンド
ハーブの香りを楽しむには、香りが控えめな紅茶を。

ミルクブレンド
体がよく温まるため、就寝前におすすめ。

フルーツブレンド
見た目も美しく、立ち込めるフルーティーな香りは感動的。

サイダーブレンド
炭酸の爽快感が格別。甘さが苦手な人は炭酸水で。

I ハーブティーの香りでリラックスするひと時 ● ハーブティーのおいしいいれ方／ハーブティーのバリエーション

ハーブティーを楽しむコツとアイディア

ポットにお湯を注いだら、どんな香りと味に出合えるのか、楽しみです。

はじめは一般的なハーブから

はじめてハーブティーを楽しむときは、ハッカの香りのペパーミントやレモンの香りのレモングラスなどから始めるとよいでしょう。最初はブレンドではなく、1種類ずつ単品で味わい、徐々に好みの香りと味を見つけて色とともに楽しみながら飲んでみましょう。慣れてきたらマイブレンドにトライ！お気に入りの組み合わせがきっと見つかります。

ブレンドしてオリジナルの味と香り

自分の好みに合わせたマイブレンドティーを作ってみては？メインのハーブを選び、そこに香り、色、味などを考えて2～3種類のハーブをプラス。ミントを加えると飲みやすい味になります。また、レモン系の香りのハーブはブレンドに使いやすく、おすすめです。

フレッシュハーブとドライハーブ

生の葉ならではのすがすがしい香りと、美しい色が楽しめるフレッシュハーブティー。ドライハーブは水分が少ない分、エキスの出方がよくなるため、量はフレッシュの1/3を目安にしましょう。また保存性があるため、いつでも利用可能です。分量と蒸らし時間を考慮すれば、フレッシュハーブとドライハーブをミックスして利用することもできます。

オリジナルブレンドの保存

自分の好きな香りや効能によってブレンドしたドライハーブティーをお茶パックに入れて保存すれば、飲みたいときにすぐに使えて便利です。カップ1杯分は小さじ1、ティーポットには大さじ1の十分に乾燥したハーブをパックします。

キャニスターなどの密閉容器を用意し、容器には、ハーブの名前、作った日付、使いきる期限などをシールに書いて貼りつけます。小さな乾燥剤を入れて冷暗所に保存し、3ヵ月から半年以内を目安に使いきりましょう。使いきりを決めた期限内であっても、香りが変化、消失している場合は使わないこと。

素敵なデザインのビンを用意すれば、食器棚やストッカーに置いてあるだけでおしゃれ。

ハーブの常識

ハーブティーの飲用は注意も必要！

妊娠中の飲用は要注意。医師の管理外では、治療目的の飲用は避けましょう。アレルギー体質の人は、はじめてのハーブはよく調べ、様子を見ながら飲むこと。また、市販品以外の場合は、利用する前にハーブを調べ、使用可能部位（葉、花、根、種など）かどうかをよく確認すること。

I ハーブティーの香りでリラックスするひと時
● ハーブティーを楽しむコツとアイディア

専用道具でおいしいハーブティーを

香りと色、味を楽しむためには、ポットなどの道具はハーブティー専用のものがよいでしょう。ガラス製のものは、視覚的な演出にも向きます。色と味を損なわないためには、やかんや包丁は、金属による化学変化を起こさないホウロウやステンレス製が向いています。ほんの少しの気配りで、香りの豊かなナチュラルでおいしいハーブティーを味わえます。

ガラスのポットは大きさもデザインもさまざま。1人のときには実用的な小さなポット、大きなものは来客用に。マグカップは、蒸らせるふたつきがおすすめ。

🌿 ハーブの小径

ハーブの香りのひみつ

ミントの葉を手に挟んでポン！とたたくと、独特の香気が広がります。それは衝撃で香りのカプセルが壊れるから。ハーブの香りの秘密は、揮発性の精油＝エッセンシャルオイルにあります。精油にはよい働きをする成分も含まれ、おもに花弁や葉の油胞と呼ばれる香りのカプセルの中に入っています。庭で育てたハーブの葉とやさしく握手してみましょう。辺りにサッと香りが立ち、手のひらにはすがすがしい香りが残って、とてもさわやかな気分になります。

ハーブ入りのマットを作っておくと、蒸らしている間、ポットの下から香りが漂う。マットとおそろいのポットカバー（ティーコゼー）をかぶせれば味も雰囲気もアップ。

見せるハーブティーでおもてなし

大きめのガラスのポットを用意し、フレッシュハーブを茎つきのまま入れてポットの中で見栄えがするようにして、ポットの中央には、ハーブのエキスがよく出るように細かく刻んだものを入れて熱湯を満たします。
ティーライトキャンドルでポットを温めると、ポットに透けて見えるハーブがテーブルに映えて、インパクトもばっちり！ ティーパーティーのスタートを美しく飾ります。

レモングラスを50cm程度の長さに切り、ポットの胴部分に沿って巻くように入れる。内側には細かく刻んだレモンバームやペパーミントを。

ハーブティーのハーブ図鑑

ジャーマンカモマイル
Matricaria recutita

キク科　一年草
原産地：ヨーロッパ〜西アジア
別名／和名：カモミール／カミツレ
利用部分：花
利用法：お茶、料理、ヘルスケア、染色、切り花、園芸

特徴：リンゴを思わせる甘くさわやかな香りが漂うカモマイルティーは、イギリスの絵本『ピーターラビット』の作中でお母さんがピーターに飲ませるハーブティー。その水色は黄金色をして美しく、消化促進、鎮静、発汗作用などがある。花の中央の黄色い部分がややふくらんできたら花だけ摘み取って使う。紙やざるなどに広げ、乾かしてから乾燥保存することもできる。葉にも芳香のあるローマンカモマイルは多年草であり、花だけを乾燥させて用いるが、お茶にすると苦みがある。

栽培のポイント：日当たりと排水をよくする。秋まきにして越冬した苗が翌春によく育つ。
注意：妊娠中の飲用は控えめに。

栽培データ　**日当たり**：☀　**耐寒性**：あり
草丈：40〜60cm　**広がり**：30〜50cm

1	2	3	4	5	6	7	8	9	10	11	12
	種まき					種まき					
		開花									
		収穫									
		挿し木			挿し木					

コモンマロウ
Malva sylvestris

アオイ科　多年草
原産地：ヨーロッパ、北アフリカ、西アジア
別名／和名：マロウ、ブルーマロウ／ウスベニアオイ
利用部分：花、葉
利用法：お茶、料理、ヘルスケア、クラフト、園芸

特徴：太陽の光を浴びて慎ましやかに咲く花を持つこのハーブは、古代ギリシャ、ローマ時代には薬草として大切にされ、野菜としてもよく食されていたという。花でいれるお茶の水色は美しく、レモンスライスを浮かべると濃い青色が一瞬で変化してピンク色となる。この様子からフランスでは「夜明けのお茶」と呼ばれる。花は一日花のため、完全に開花する直前に順次摘み取り、乾燥保存するとよい。葉はビタミンが豊富で、若い葉は野菜に、生の花も食用できる。花や葉には粘液質があり、炎症保護、去痰作用など、呼吸器系によい働きをする。

栽培のポイント：摘心して側枝を伸ばすようにし、丈が高くなったら支柱を立てる。うどん粉病に注意。

栽培データ　**日当たり**：☀　**耐寒性**：あり
草丈：50cm〜1.5m　**広がり**：40〜50cm

1	2	3	4	5	6	7	8	9	10	11	12
			植え付け					植え付け			
				開花							
				収穫							
					挿し木					
		株分け								

I ハーブティーの香りでリラックスするひと時
● コモンマロウ／ジャーマンカモマイル／ステビア／セントジョーンズワート

セントジョーンズワート
Hypericum perforatum

オトギリソウ科　多年草
原産地：ヨーロッパ〜アジア西部
別名／和名：──／セイヨウオトギリソウ
利用部分：葉、花
利用法：お茶、ヘルスケア、染色

特徴：英名のSt.John's wort（聖ヨハネの草）は、聖ヨハネが処刑された8月頃に花が満開になることにちなむ。古来ヨーロッパでは、悪魔、魔女を遠ざける力のあるハーブとされていた。近年では抗ウイルス、抗菌作用などに有効と認められ、お茶は緊張を和らげ、不眠、抑うつなどに効果的とされる。花の浸出油はねんざなどに外用する。日本に自生するオトギリソウも打撲、切り傷などの民間薬とされている。花は黄〜橙色系統の染料にもなる。

栽培のポイント：地下茎は横に広がる性質のため、植える場所を考慮する。

注意：内用外用とも使用後は日光に当たらないこと。薬と併用の際は医師に相談する。妊娠中は使用しない。

栽培データ　日当たり：☀　耐寒性：あり
草丈：50〜60cm　広がり：15〜45cm

1	2	3	4	5	6	7	8	9	10	11	12
		植え付け				植え付け					
				開花							
				収穫							
		株分け					株分け				

ステビア
Stevia rebaudiana

キク科　多年草
原産地：パラグアイ
別名／和名：──／アマハステビア
利用部分：葉、茎
利用法：お茶、料理

特徴：葉を口に入れると、その甘さにおどろく。砂糖の200〜300倍の甘さがあり、古代インディオの人々はマテ茶を飲むとき、このステビアで甘みをつけていたという。近年、天然の植物性低カロリー甘味料として注目され、ガムなど、加工食品のダイエット甘味料の原料に使用されている。ハーブティーに甘さが欲しいとき、少量を入れれば自然な甘さを十分に得られて重宝。また、ステビアを短時間煮て、こせばシロップになる。

栽培のポイント：日当たり、排水のよい場所に。冬期、野外の株は根元を保温し、鉢は室内に入れる。地上部は枯れるが、春には芽を出す。

栽培データ　日当たり：☀　耐寒性：半耐寒
草丈：50cm〜1m　広がり：30〜50cm

1	2	3	4	5	6	7	8	9	10	11	12
		植え付け									
								開花			
							収穫				
					挿し木						
		株分け									

ハトムギ
Coix lacryma-jobi var.ma-yuen

イネ科　一年草
原産地：東南アジア
別名／和名：コウボウムギ、シコクムギ／ハトムギ
利用部分：果実
利用法：お茶、料理

特徴：ハトムギの名は、ハトがこの実をよく食べるためにつけられたという。江戸時代中期から栽培され、漢方薬として利用された。ビタミンB_1やアミノ酸を含み、消炎、滋養、強壮、利尿、代謝促進作用などがあるとされる。保湿作用もあり、美肌のためのハーブともいえる。お茶には、秋に採取した果実をフライパンなどで煎って利用するとよい。お粥やご飯に炊き込んでも可。種皮を取り除いたものは生薬のヨクイニンになる。ジュズダマはハトムギの原種で、薬効はハトムギより劣るとされる。

栽培のポイント：発芽後は過湿にせず、生育中期からは保水力のある肥沃な場所で育てる。
注意：妊娠中の使用は念のため避ける。

栽培データ　**日当たり**：☀　**耐寒性**：なし
草丈：1〜1.5m　**広がり**：10〜20cm

1	2	3	4	5	6	7	8	9	10	11	12
		種まき									
				開花							
						収穫					

ドクダミ
Houttuynia cordata

ドクダミ科　多年草
原産地：日本、台湾、中国、ヒマラヤ、東南アジア
別名／和名：ジュウヤク／ドクダミ
利用部分：開花期の全草
利用法：お茶、料理、ヘルスケア、園芸

特徴：初夏になると花弁のように見える白い総苞片を十字形に開き、淡黄色の花がその中心に花穂となって咲く。ドクダミという名前は全草から漂う独特の臭気によってつけられたという説がある。乾燥により臭気は消失する。別名のジュウヤク（十薬）で日本薬局方に生薬として収載されている。乾燥させた葉はハトムギなどとともに昔から健康茶として親しまれており、便秘、膀胱炎、解熱、解毒などに利用される。若葉は天ぷらなどの野草料理に、ベトナムでは生の葉をそのまま料理に利用する。

栽培のポイント：湿度のある場所を好み、日陰でも育つ。根付くと地下茎が広がり、はびこって除草が困難になるため注意する。

栽培データ　**日当たり**：☀ ☀ ☀　**耐寒性**：半耐寒
草丈：20〜50cm　**広がり**：10〜20cm

1	2	3	4	5	6	7	8	9	10	11	12
		植え付け									
					開花						
						収穫					
		株分け						株分け			

I ハーブティーの香りでリラックスするひと時 ●ドクダミ／ハトムギ／ヘザー／ペパーミント

ペパーミント
Mentha × piperita

シソ科　多年草
原産地：ヨーロッパ
別名／和名：──／セイヨウハッカ
利用部分：葉、茎、花
利用法：お茶、ヘルスケア、クラフト、染色、切り花

特徴：ウォーターミントとスペアミントが交配して生まれた栽培種とされる。メントールを豊富に含むため、強い清涼感があり、ミント類の中でも薬効に富み、近年では優れた殺菌作用が注目されている。スーッとしたさわやかな香りはほかのハーブともよく合い、アップルジュース、ミルクなどとブレンドすると、ひと味違う風味を楽しめる。夏はアイスハーブティーにするとまたおいしい。

栽培のポイント：日当たりから半日陰で、排水性と保水性のよい場所に。夏は水切れしないように注意。根が交雑しないよう1鉢に1種。
注意：粘膜への刺激が強いため、小児の飲用は避ける。

（栽培データ）　日当たり：☀☀　耐寒性：あり
草丈：30cm～1m　広がり：30～80cm

1	2	3	4	5	6	7	8	9	10	11	12
		植え付け				植え付け					
					開花						
				収穫							
			挿し木			挿し木					
		株分け				株分け					

ヘザー
Calluna vulgaris

ツツジ科　木本
原産地：ヨーロッパ～小アジア
別名／和名：ヒース／ギョリュウモドキ
利用部分：花、枝葉
利用法：お茶、ヘルスケア、園芸

特徴：イギリス・スコットランドでは、このハーブが土中に堆積してできる泥炭（ピート）がウイスキーの風味づけに利用されている。荒涼とした大地に咲く愛らしい花は想い出のシンボルとされ、詩や小説に登場することも多い。薬用ハーブとして用いられた歴史は長く、花はミネラルやアルブチンを含み、収れん、鎮静、殺菌作用などがあるとされ、近年はスキンケアなどでの利用も注目されている。また泌尿器系疾患、リュウマチの治療などに用いられる。良質のハチミツが採取できる蜜源植物となり、独特の風味がある。多くの園芸種があり、ヘザーという呼び方はカルーナ属とエリカ属の総称という説もある。

栽培のポイント：日当たりを好み高温多湿を嫌う。
（栽培データ）　日当たり：☀　耐寒性：あり
草丈：15～70cm　広がり：10～50cm

1	2	3	4	5	6	7	8	9	10	11	12
		植え付け									
							開花				
							収穫				

メドウスイート
Filipendula ulmaria

バラ科　多年草
原産地：ヨーロッパ、アジア
別名／和名：クイーンオブザメドウ／セイヨウナツユキソウ
利用部分：花、葉、茎、根
利用法：お茶、料理、染色、園芸

特徴：淡いクリーム色の小花が枝の先に集まって咲き、花、茎葉に甘い香りがある。エリザベス1世はこのハーブの香りを好んだという。その当時には床にまくストローイングハーブに用いられた。19世紀にはアスピリンの原料となるサリチル酸が抽出され、話題となったという。お茶には開花期の地上部を利用し、胃酸過多、消化器系などによい働きをする。花はジャムやデザート類の香りづけに利用できる。乾燥させた根は染料となる。

栽培のポイント：半日陰でもよいが、排水、保水性のよい場所を好む。
注意：アスピリン、サリチル酸を服用中のときは使用を避ける、または医師に相談すること。

栽培データ　日当たり：☀　耐寒性：あり
草丈：60cm〜1.5m　広がり：15〜50cm

1	2	3	4	5	6	7	8	9	10	11	12
		植え付け					植え付け				
				開花							
				花の収穫							
					根の収穫						
								株分け			

ポットマリーゴールド
Calendula officinalis

キク科　一年草
原産地：ヨーロッパ南部、地中海沿岸
別名／和名：カレンデュラ／キンセンカ
利用部分：花
利用法：お茶、料理、クラフト、切り花、園芸

特徴：古代ギリシャ、ローマ時代から利用されてきた歴史のあるハーブ。聖母マリアに捧げられた花ともいわれる。収れん、殺菌、消炎作用などがある。美容にもよいとされる女性にうれしいハーブ。お茶には花びらを摘んで乾燥保存して使う。また、生の花びらはサラダを美しく彩る。手ごろで簡単に育つため、高価なサフランの代用として、チーズ、スープ、米料理などの黄色い色づけにも利用される。

栽培のポイント：日当たり、排水のよい場所に。摘心して花数を増やすようにする。花柄をこまめに摘むと開花期間が長くなる。
注意：妊娠中の飲用は避けること。

栽培データ　日当たり：☀　耐寒性：半耐寒
草丈：40〜50cm　広がり：30〜40cm

1	2	3	4	5	6	7	8	9	10	11	12
								種まき			
		植え付け									
				開花							
				収穫							

I ハーブティーの香りでリラックスするひと時 ●ポットマリーゴールド／メドウスイート／ラズベリー／リンデン

リンデン
Tilia × europaea

シナノキ科　木本
原産地：ヨーロッパ
別名／和名：ライム、ボダイジュ／セイヨウシナノキ
利用部分：花、苞葉、木部
利用法：お茶、クラフト

特徴：花盛りの時期に木下に立つと、甘い香りに包まれる。ミツバチはこの花蜜をたいへん好み、上質のハチミツが採れる。プロペラのような苞葉がついたユニークな形の花でいれるお茶は、神経を静める働きがあるため、不眠症、偏頭痛によいとされる。また、消化促進、発汗作用などもあるため、就寝前や風邪の引きはじめに用いると効果的。木部（白木質）には浄化作用があり、体内の老廃物の排出を助ける働きがある。別名にボダイジュとあるが、お釈迦様が悟りを開いたといわれる菩提樹はクワ科、インドボダイジュであり、リンデンとは違う。

栽培のポイント：日当たり、または半日陰でやや涼しい場所に。夏の暑さに弱い。

栽培データ　日当たり：☀☀　耐寒性：あり
草丈：10～20m　広がり：2m～

1	2	3	4	5	6	7	8	9	10	11	12
	植え付け									植え付け	
				開花							
				収穫							

ラズベリー
Rubus idaeus

バラ科　木本
原産地：ヨーロッパ、アジア北部、日本
別名／和名：ヨーロッパキイチゴ、エゾイチゴ／──
利用部分：葉、果実
利用法：お茶、料理、ヘルスケア

特徴：愛らしい白い花の開花後、ルビー色の甘酸っぱい果実をつけて小さな灌木になる。果実を2つに割ってみると中は空洞になっている。果物として生食したり、果実酒、ジャムなどに利用される。ジャムにする場合は、熟した実から順次摘み取って冷凍保存し、ある程度の量になったところでジャムにするとよい。葉は十分に乾燥させた後、お茶として利用でき、生理痛を和らげたり、骨盤や子宮筋肉を強め、腎臓を強化してくれるとされる。また歯肉炎、口内炎をわずらった際にはうがい液にもなる。同属のブラックベリーも同じように利用できる。

栽培のポイント：日当たり、排水ともに良好な場所を好む。
注意：妊娠中は使用前に医師に相談すること。

栽培データ　日当たり：☀　耐寒性：あり
草丈：1.5～2m　広がり：1～2m

1	2	3	4	5	6	7	8	9	10	11	12
	植え付け									植え付け	
		開花									
					収穫						

レモンバービーナ
Aloysia triphylla

クマツヅラ科　木本
原産地：南アメリカ
別名／和名：レモンバーベナ、ベルベーヌ／ボウシュウボク、コウスイボク
利用部分：葉
利用法：お茶、料理、ヘルスケア、クラフト、切り花

特徴：明るい緑色の葉に触れると、すがすがしいレモンの香りが強く漂う。アンデスの人々は、昔から薬として利用していたという。その栽培は18世紀ごろチリから広まり、ビクトリア時代には「lemon plant」として知られるようになった。食欲増進、消化促進作用などがあり、フランスでは食後のお茶として好まれている。香りは乾燥後もほとんど変わらないが、フレッシュな葉でいれるお茶は水色や香りがすばらしい。

栽培のポイント：日当たりのよい場所に。寒さに弱いため冬は株元を保温するか、室内に入れる。摘心して側枝を伸ばすとよい。

栽培データ　日当たり：☀　耐寒性：半耐寒
草丈：50cm〜1.5m　広がり：50cm〜1m

1	2	3	4	5	6	7	8	9	10	11	12
		植え付け									
			開花								
					収穫						
			挿し木								

レモングラス
Cymbopogon citratus

イネ科　多年草
原産地：熱帯アジア
別名／和名：レモンガヤ／レモンソウ
利用部分：葉、葉鞘
利用法：お茶、料理、ヘルスケア、クラフト

特徴：見かけはススキのようだが、葉をもんでみると名前の通りにレモンの香りがする。熱帯アジア生まれで日当たりを好み、高温多湿の日本の夏でも育てやすい。原産地の環境では株元が太く生長し、その株元の柔らかい部分(葉鞘)をすりつぶすなどして使う。タイ料理には欠かせないハーブとして知られる。お茶は疲労回復や消化不良によい働きをする。収穫は、茂ってきたら葉を株元から10cmくらいで刈り取り、乾燥保存する。

栽培のポイント：冬は鉢上げして室内に。根が深く伸びるため、鉢は深さのある大きめのものを。水やりは土が乾ききらないうちに。暖地では戸外で越冬が可能な場合もある。

栽培データ　日当たり：☀　耐寒性：なし
草丈：80cm〜1.2m　広がり：30〜80cm

1	2	3	4	5	6	7	8	9	10	11	12
			植え付け								
		日本ではほとんど開花しない									
						収穫					
			株分け								

I ハーブティーの香りでリラックスするひと時 ● レモングラス／レモンバービーナ／レモンバーム／ローズヒップ

ローズヒップ
Rosa spp.

バラ科　木本
原産地：ヨーロッパ〜アジアの北半球
別名／和名：バラノミ／――
利用部分：実
利用法：お茶、料理、クラフト、園芸

特徴：ローズヒップとは、すなわちバラの実。お茶に向くのは、さまざまな品種があることが知られるバラの中でも、おもにドッグローズ（Rosa canina）の実といわれる。ビタミンCを豊富に含んでいることから、美容によいとされ注目度が高い。お茶は、ローゼルとブレンドすると美しいルビー色に発色し、酸味があるおいしい味になる。赤く色づいたら収穫し、実を割って中の毛と種を取り除き、乾燥保存する。実の中の毛で炎症を起こすことがあるため、十分に取り除くこと。

栽培のポイント：日当たり、風通しのよい場所で、オールドローズの育て方に従う。果実を利用するため、薬剤の使用には注意が必要。

栽培データ　日当たり：☀　耐寒性：あり
草丈：1〜1.5m　広がり：1.5〜2m

1	2	3	4	5	6	7	8	9	10	11	12
		植え付け（新苗）			植え付け（大苗）						
植え付け（大苗）			開花								
							収穫				

レモンバーム
Melissa officinalis

シソ科　多年草
原産地：ヨーロッパ南部、地中海沿岸
別名／和名：メリッサ／セイヨウヤマハッカ
利用部分：葉
利用法：お茶、料理、ヘルスケア、クラフト、切り花、園芸

特徴：紀元前から栽培されている歴史あるハーブ。学名のMelissaは、ハチを意味するギリシャ語に由来している。昔は蜜源植物として利用され、17世紀にはハチが巣箱に集まるように、この葉を巣箱にこすりつけていたという。レモン香はレモンバービーナよりやさしく、消化を助けてリラックスできるため、食後のお茶にも向く。発汗作用もあるため、風邪の引きはじめにも有効。お茶はフレッシュで使うとよい。

栽培のポイント：日当たり、排水がよく肥えた土地に。花が咲き出したら、収穫を兼ねて半分くらいに切り戻し、新芽を促すために施肥をする。

栽培データ　日当たり：☀　耐寒性：あり
草丈：30〜60cm　広がり：40〜50cm

1	2	3	4	5	6	7	8	9	10	11	12
			植え付け						植え付け		
				開花							
				収穫							
					挿し木			挿し木			
					株分け			株分け			

ワイルドストロベリー
Fragaria vesca

バラ科　多年草
原産地：ヨーロッパ、アジア北部
別名/和名：ノイチゴ、ヨーロッパクサイチゴ/エゾヘビイチゴ
利用部分：葉、果実
利用法：お茶、料理、園芸

特徴：果物屋さんの店先で売られているイチゴよりも実はかなり小さいものの、「Fragaria＝芳香のする」という学名の通り、甘くフルーティーな香りが強いイチゴ。愛らしい白い花が咲いた後の赤く熟した小さな実は、酸味と甘みのバランスがよく美味。葉はビタミン、ミネラルを含み、腎臓や肝臓の働きを助ける。葉は収穫後、乾燥させてから利用する。

栽培のポイント：日当たりがよく、排水性、保水性のよい場所で育てる。乾燥に弱いため、土が乾ききる前に十分水やりをすること。株分けで殖やす。また肥えた土を好むため、追肥に気配りする。

栽培データ　日当たり：☀　耐寒性：あり
草丈：10～30cm　広がり：25～30cm

1	2	3	4	5	6	7	8	9	10	11	12
			植え付け				植え付け				
				開花				開花			
				収穫				収穫			
				株分け				株分け			

ローゼル
Hibiscus sabdariffa

アオイ科　多年草（日本では一年草扱い）
原産地：アフリカ北西部、熱帯アジア
別名/和名：ローゼリソウ/――
利用部分：果実（萼）、葉、種子、花、茎
利用法：お茶、料理

特徴：学名にハイビスカスとつき、園芸植物のハイビスカスと混同しやすいため、英名でローゼル（Roselle）と呼ばれる。花後に肥大した果実（萼）を収穫する。果実（萼）はミネラル類や赤色色素、クエン酸などの植物酸を多く含み、疲労回復などによいとされる。お茶はさわやかな酸味があり、美しいルビー色になる。果実はジャムやソース、若葉はサラダやカレー料理、種子は煎ってコーヒーの代用となる。

栽培のポイント：日当たりのよい場所で、コンテナ栽培がよい。開花のために10月以降は室内に入れる。また、人工的に日照をカットする短日処理を施せば、花芽がつきやすくなる。種をまく場合は、室内で早めに。

栽培データ　日当たり：☀　耐寒性：なし
草丈：1.5～2m　広がり：40～80cm

1	2	3	4	5	6	7	8	9	10	11	12
			種まき・植え付け								
										開花	
											収穫

名前は似ていても使い方が異なるハーブ

ハーブには、部分的に同じ名前がついているものがたくさんあります。しかし、植物分類学上違う属であることも多く、草姿や花はもちろん、育て方や利用法も異なる場合があるため、注意しましょう。同じような名前でも、はじめてのハーブなら栽培を始める前にそのハーブについて調べ、理解してから育てましょう。ここでは同じ名前を持つハーブの一例を紹介します。

マロウ

コモンマロウ　　ムスクマロウ　　マーシュマロウ

同じアオイ科に属し、花が美しいハーブ。コモンマロウとムスクマロウはゼニアオイ属、マーシュマロウはタチアオイ属に分かれる。いずれも粘液質のハーブで、中でもマーシュマロウには粘液成分が多く、特に根に含まれる。

セージ

クラリーセージ　　クレベラントセージ　　ロシアンセージ

クラリーセージはオニサルビアとも呼ばれ、草丈1mになる二年草で、葉と花からは鎮静作用のある精油が抽出される。クレベラントセージとロシアンセージは木本に分類され、クラフトやガーデニング用ハーブとして利用する。

フェンネル

フェンネル　　フローレンスフェンネル　　ブロンズフェンネル

葉色が銅色になるブロンズフェンネルは庭をシックに彩り、ガーデニングハーブとしてよく利用される。フローレンスフェンネルは株元が太く大きくなるのが特徴で、その株元をサラダ、煮込み料理などに利用する。

タイム

ゴールデンレモンタイム　　シルバータイム　　クリーピングタイム

ゴールデンレモンタイムは小型の草姿で、気温が低くなると葉の黄色の斑が色鮮やかになる。シルバータイムは葉に白い斑が入り、開花時期には淡い紫色の花との対比が美しい。クリーピングタイムは、草丈10cm前後でほふく性の品種。

ラベンダー

グロッソラベンダー　　ストエカスラベンダー（白花）　　デンタータラベンダー

グロッソラベンダーはラバンディン系の品種で、花穂が大きく香りも強いのが魅力。ストエカスラベンダー系、デンタータラベンダー系は花穂、葉などの姿が特徴的で、さまざまな品種があり、クラフトやガーデニングハーブとして人気。

II
The HERB is used to cook

ハーブを使って
かんたんクッキング

**得意の料理に合わせたハーブを育て、
ハーブの育ち具合で今夜のメニューを考えるのも楽しい。
さあ、いつものメニューにハーブの彩りを添えましょう。**

スイートマジョラム

ハーブは料理も楽しみ。

大切に育てたハーブ、
その恵みの香りをおいしく閉じこめて。

順調に生長し、思い通りの収穫に成功しても、
想像以上の量に困ったことはありませんか？ ドライにして保存するのはもちろん、
それほど長期間というわけにはいきませんが、
フレッシュのまま調味料などと合わせて作りおきすることもできます。
ぜひ試して、豊かな香りを食卓で味わいましょう。
本書で紹介するレシピの分量は目安です。
風味豊かなハーブ料理を家族に「薬臭い！」なんて言われてはガッカリ。
料理に使用するハーブは、
ご家庭でおいしいと感じられる量に加減するといいでしょう。

クッキングハーブの使い方

はじめは飾りつけにハーブを添えるだけでもよいでしょう。ハーブは種類ごとの特性を知って使いたいものです。

ハーブの効果を引き出すには

ハーブは、調理の際の扱いにより、素材の持つ風味が失われたりするため、注意が必要です。まず、水洗い、水切りで香りが消えないようにやさしく扱い、まな板と包丁は乾いた状態で使用します。包丁はステンレスなど、ハーブの色を黒ませることのないものを使いましょう。

フランス料理のシェフのお話では、「初めて使うハーブは多めに使ってみる。そうするとそのハーブの香り、味、性質がよく分かる」。プロならではの言葉です。

フレッシュとドライ

フレッシュとドライでは香りと味に違いがあります。イタリアンパセリ、チャイブなどのようにフレッシュで使うほうがよいもの、オレガノ、ローリエのように、ドライにしたほうが香りのよくなるものがあります。ローリエの場合、フレッシュでは苦みを感じる品種もあります。

加熱には注意

スイートマジョラム、チャービルなど、繊細な香りのハーブは加熱すると香りが消失します。そのようなハーブは、仕上げ間際に、または火をとめてから加えるとよいでしょう。

オイルとの相性

ハーブの成分がオイルに溶けるか溶けないかで異なります。ガーリック、レッドペッパーなどは、香りや辛み成分がオイルに溶け出すため、調理中に直接加えることができます。逆にサフランは、油分があると香りと色が出にくいため、別の容器に少量のスープやお湯を用意し、その中で溶かしてから加えると、美しい黄色と独特の香りを引き出せます。

COOKING HERB CONTAINER

若く、みずみずしい葉の摘みたてを気軽にサラダに加えてみよう。スープなどにも、またイタリア料理にも活躍するコンテナ。

料理に使うハーブを寄せ植えしたコンテナ

- スイートバジル
- イタリアンパセリ
- フレンチソレル
- チャイブ
- キャラウェイタイム
- スイートマジョラム

ハーブは料理を引き立てる

でき上がった料理に何か物足りなさを感じたら、ぜひハーブを使ってみましょう。

なぜ料理にハーブが欠かせない？

ハーブには、香りを効かせて風味をアップする、隠し味になる、臭みを消す、下味に使うといった役割があります。使う前に葉を1枚嚙んで、香りと味を確認するとよいでしょう。

肉料理に役立つハーブ

臭みを消して香味をつけます。食後、胃もたれを防ぐ働きのハーブもあります。

● ガーリック、コモンセージ、ローズマリー、コモンタイム、ローリエなど

魚料理に役立つハーブ

生臭さを消して風味づけに使います。

● フェンネル、ディル、コモンセージ、スイートマジョラム、レモンタイム、レモンバームなど

スープと相性がいいハーブ

煮込む間に風味、色づけにも使います。

● ローリエ、サフラン、レモングラス、コモンタイム、オレガノなど

仕上げの飾りと風味づけに、フレッシュで使うとよいハーブです。

● イタリアンパセリ、チャービル、チャイブ、レモンタイム、スイートマジョラム、レモンバーム、コリアンダー、フレンチタラゴン、バジルなど

サラダにしておいしいハーブ

若い葉や小花、花弁はそのまま。大きい葉は食べやすい大きさにちぎります。

● コリアンダー、スペアミント、ナスタチウム、チャービル、チャイブ、ロケット、イタリアンパセリなど

フレッシュハーブを刻んで数種をミックスし、ドレッシングに使います。

● フレンチタラゴン、イタリアンパセリ、レモンタイム、チャービル、チャイブなど

COOKING HERB CONTAINER

ドレッシングの風味づけ、盛りつけの飾りなど、おもにフレッシュで使うハーブのコンテナ。コモンセージはてんぷらに揚げても美味。

料理に使うハーブを寄せ植えしたコンテナ
- レモンタイム
- チャイブ
- フレンチタラゴン
- コモンセージ
- ハイランドクリームレモンタイム

II ハーブを使ってかんたんクッキング

● クッキングハーブの使い方のポイント／ハーブは料理を引き立てる

ハーブは魔法の万能「だし」

日本料理にだしが欠かせないのと同様、洋風料理は味の決め手となるだしをハーブでとります。

洋風家庭料理を自宅で！

さまざまなハーブを組み合わせると、豊かな香りが肉や魚の臭みを消し、本格的な仕上がりをもたらす、「ブーケガルニ」や、「フィーヌゼルブ」と呼ばれる洋風料理版のだしが作れます。

ブーケガルニは、煮込み料理やスープを作るときに加える、ミックスしたハーブのことです。フレッシュ、ドライのどちらでも利用できます。さまざまに試すと好みの香りと味の方向が決まり、各家庭オリジナルのものができるでしょう。

ドライタイプのブーケガルニ

ローリエ、コモンタイム、コモンセージ、ブラックペッパー、クローブ、オールスパイスなどをミックスして、二重にしたガーゼでてるてる坊主のように包み、タコ糸で結びます。糸を長めに残せば鍋の縁から出せて取り出すときに便利です。各ハーブの分量は基本的にすべて同量。そこからスタートして、香りを確かめながら好みのハーブを足すなどしてブレンドします。

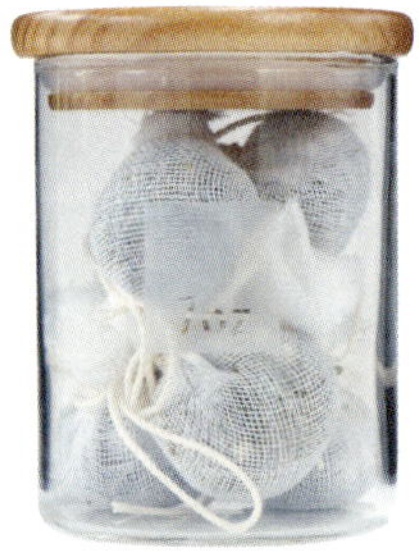

ドライタイプのブーケガルニは作りおきOK。お気に入りのキャニスターに入れればキッチンのキュートなアクセントに！

Dry

フレッシュタイプのブーケガルニ

ローリエ1枚、コモンタイム1枝、イタリアンパセリ2本、コモンセージ1枝を基本のレシピとして、肉料理、魚料理、野菜料理によって、ハーブの種類や量を加減して調節します。各分量の微妙な調整は、好みで決めましょう。

Fresh

フィーヌゼルブ

繊細な香りを持つ、イタリアンパセリ、チャイブ、チャービル、フレンチタラゴンの4種類のハーブをブレンドしたものです。フランス料理でよく使われ、フレッシュハーブをミックスして用います。基本の分量は、すべてが同量で、みじん切りにして使います。

本書では、P38のハーブバター、ハーブチーズでフィーヌゼルブを使っています。

30

キッチンでのハーブの扱い方

自然素材のハーブは、ちょっとしたことで変化しやすく、色や香りを保つためには注意が必要です。

常に「やさしく」がキーワード

やさしく摘み、やさしく洗い、やさしく拭く。ハーブの扱い方は常にやさしくが肝心です。手荒く扱うと香りが失われ、葉の色も悪くなってしまいます。

鋼製の包丁はNG

鋼製の包丁は素材に含まれる鉄分が化学変化を起こし、ハーブの切り口を黒く変色させてしまいます。また鋼には匂いもつきやすいため、ほかの食品の匂いがハーブに移るおそれがあります。

料理の飾りや、ドレッシングに使うハーブを刻む際は、ステンレスやセラミック製の包丁がおすすめです。ベビーリーフなど、サラダに使うハーブは手でちぎります。炒め物や煮込みなど、ハーブの色が気にならない料理なら鋼製でも大丈夫です。

キッチンばさみを活用する

チャイブなど茎の細いものや、細かい葉を切るのはキッチンばさみが便利！まな板を使わずに、鍋、ボウル、器の上にハーブをかざしてカットし、料理の仕上げなど、少量を切る際にも重宝します。

使う分だけ小皿に取る

ビンに保存したドライハーブを使うとき、**火にかけた鍋やフライパンにビンをかざしてはいけません**。調理中の料理の湿気がビンの中に入り込み、ハーブが湿気り、風味が落ちてしまいます。

手のひらや小皿に移し取り、指先でもみながら落とし入れると、香りが立って風味が一層よくなります。

ハーブの常識
米びつに唐辛子
唐辛子の辛み成分には虫を寄せつけない効果があります。十分に乾燥させた唐辛子を3〜4本束ね、米の中に埋めておくといいでしょう。

虫よけの効果があるローリエを一緒に入れれば、防虫効果はさらにアップ。

セラミック製の包丁はハーブの色素が沈着するため、使い終わったらすぐに洗い流す。

はさみの素材はステンレスなど、ハーブに影響を与えないものを使う。

小皿に取れば、使う量もきちんと確認できて間違いがない。

フレッシュハーブの保存

少しだけ残ってしまったハーブはどうしていますか？ すぐに使うのなら、コップにさして水あげをしておくとよいでしょう。

フレッシュな葉物は冷凍保存

やさしく洗って乾かし、ラップに重ならないように並べて包み、保存袋に入れて冷凍庫で保存。1ヵ月程度で早めに使いきりましょう。

冷凍の葉は組織が壊れやすいため、冷凍庫内でものを重ねたり、乱暴な扱いはしないこと。

自然乾燥でドライハーブに

ローズマリーやタイムなどは、くるりと輪にして糸などで留めてミニリースを作ります。枝の短いものや、リースにしにくいものは糸で束ねるなどして、つり下げられるようにし、直射日光が当たらない、風通しのよい場所に下げ、乾かします。また、重ならないようにざるに広げて乾燥させてもよいでしょう。しっかり乾いたら保存袋に入れ、冷暗所で保存します。

ミニリースは、キッチンを楽しく飾るアクセントになる。このまま乾燥させればドライハーブとして利用できる。

コリアンダーは根も食べられる

ついつい捨ててしまいがちのコリアンダーの茎や根。もっとも香りが強い部分なので、これを使えばインパクトのある個性豊かなメニューができます。エスニックや中華料理の炒め物、タイ風スープにおすすめです。

細かく刻んでラップに包み、冷凍保存して、料理の際は凍ったまま使います。

コリアンダーはその独特な香りで、どんな料理も一瞬にして個性的な料理に変えることができる便利なハーブ。

加工したハーブの保存

ハーブは調味料などにアレンジして保存できますが、早めに使いきれる量を作って楽しみましょう。

作りおきできる期間の目安

すぐに食べられる（使える）ものの場合、おいしく食べられる賞味期限は1週間〜10日間程度と覚えておきましょう。

また、ハーブのつかり具合で食べごろが決まる調味料や加工品の場合は、ものによって違いますが、でき上がりから1ヵ月〜3ヵ月程度が目安です。

ハーブパン粉は冷凍保存OK！

ハーブパン粉は冷凍保存用袋に入れて冷凍保存できます。作りおきすれば、取り出してすぐにそのまま使えて便利です。

ジッパーつきの袋に保存の際は、風味を保持するために、できるだけ空気を抜くこと。

ジェノバペーストは冷蔵か冷凍に

ジェノバペーストは、冷蔵保存の場合は10日程度を目安に使いきりましょう。冷凍すれば3ヵ月程度の長期保存が可能です。冷凍保存用袋に入れ、平らに整えて冷凍庫へ。完全に凍る前にいったん取り出し、袋の上から板チョコのような筋目をつけ、冷凍庫に戻して完全に冷凍します。

冷蔵保存の場合、鮮やかな色を保つため、ペーストの表面を覆うようにオリーブオイルを注ぐ。オイルを使わないと空気に触れる部分が酸化して黒っぽく変色するが、品質に問題はない。

ハーブバターは冷凍保存

ハーブバターはラップで筒状に包んで冷凍庫で保存します。完全に凍る前に取り出し、8mm幅程度に輪の筋目を入れてから完全冷凍すると、使用時に凍ったまま輪切りが簡単にできて便利です。

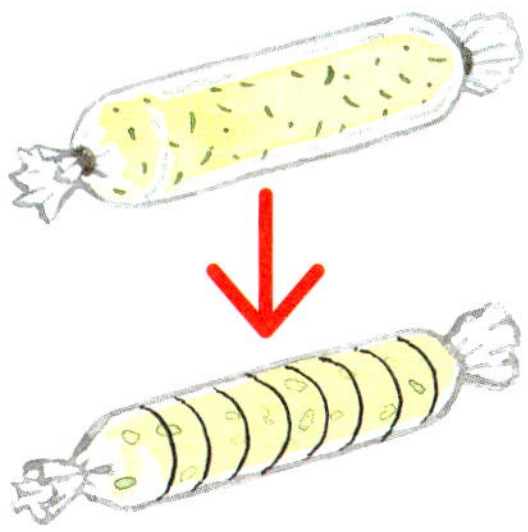

筒状にするほか、ジェノバペーストで紹介している板チョコ式の冷凍保存でもよい。

ハーブの常識

簡単で見栄えのするハーブチーズ

クリームチーズをサイコロ状にカットし、フィーヌゼルブ（P30参照）やフェンネル、ディルなどのハーブのみじん切りの中に入れ、まぶしつけるだけ。見た目もきれいで手軽でおしゃれ！ ワインのおつまみや、パーティの前菜メニューにもなります。アクセントに砕いたくるみを混ぜてもよいでしょう。

II ハーブを使ってかんたんクッキング ● フレッシュハーブの保存／加工したハーブの保存

スパイスになるハーブの種たち

スパイスを育てる?

当たり前に買っているおなじみのスパイスですが、実は、自分で育てられるハーブの種なのです。栽培が成功すれば、庭でスパイスも収穫することができるのです。それってちょっとワクワクしませんか?

キャラウェイ

キャラウェイの種は、古代ローマ時代から調味料として利用されています。同じセリ科のクミンと香りは異なりますが形が似ているため、混同して利用されていたこともあるといわれます。開花結実には冬の寒さが必要といわれ、春まきの場合、開花は翌春になります。

フェンネル

アニスと同じセリ科のハーブであり、甘さのある芳香もアニスと似ています。これはアニスと同じ精油成分、アネトールを含んでいるから。欧米では、焼き菓子などにアニスと同じように利用されます。種は甘くはありませんが、甘さのある芳香が甘い味わいを強調してくれます。

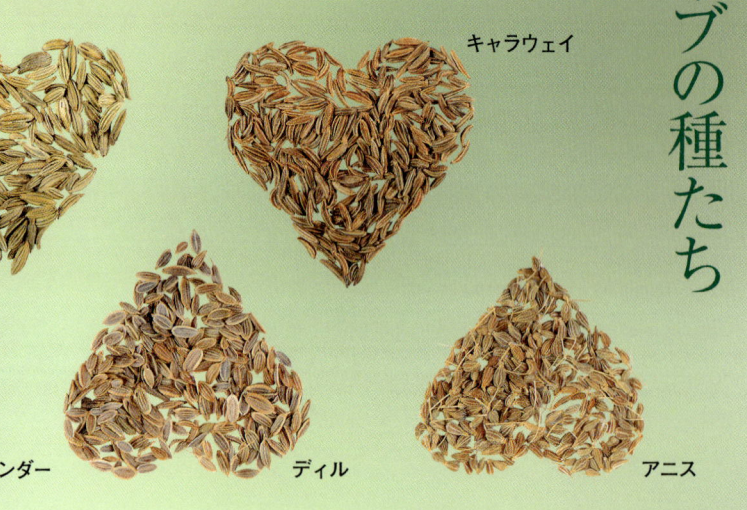

フェンネル
キャラウェイ
コリアンダー
ディル
アニス

アニス

甘い香りを持つスパイスの代表といえます。芳香は、精油に多く含まれているアネトールという成分にあります。同じ成分を含むものにモクレン科のハッカク（八角）があり、こちらは果実を利用し、スターアニスと呼ばれています。

ディル

ディルは古代シュメール人により栽培が始まり、古代ギリシャ、ローマに広まったといわれています。フェンネルより一足早く、黄色い小花を傘のように咲かせ、花後にできる種はディルシードと呼ばれます。茎葉より種のほうが香りが強く、加熱しても香りは変わりません。

コリアンダー

葉と種で香りの異なるハーブで、種の香りも未熟なときと完熟したときでは異なります。未熟な種は悪臭に近く、完熟するとさわやかさと甘さが現れます。学名も種の芳香の変化に由来してつけられています。

クッキングレシピ

食卓で気軽に楽しむ香りのオイル
ハーブオイル

ローズマリー

材料（作りやすい分量）
- オリーブオイル……………………カップ1½
- ローリエ……………………………………1枚
- 粒こしょう………………………………大さじ1
- オールスパイス（ホール）……………大さじ1
- レッドペッパー………………………1～2本
- ローズマリー、オレガノの小枝……各3～4本

作り方

❶ 清潔なビンに、洗って水けを完全に拭きとったハーブ、スパイスを入れ、ビンにオイルを注ぐ。

❷ 日の当たらない室内で、ときどきゆすりながら2週間程度保存してオイルに香りを移し、ハーブをこして使う。

ハーブの常識

おいしい期間内に使いきろう！

オイルは酸化するため、早めに使いきること。賞味期限は1週間～10日間程度。使いきれる量を作り、作りおきしたことを忘れないようにしましょう。

出番はいっぱい！便利な調味料
ハーブビネガー

フレンチタラゴン

材料（作りやすい分量）
- 米酢………………………………………カップ2
- フレンチタラゴン……………………10～15本

作り方

❶ タラゴンをビンの大きさに合わせて切り、洗って水けを完全にとってビンに入れる（ビンの向こうが透けて見える程度の量）。

❷ ①に米酢を注ぐ。注意：タラゴンが酢に完全に浸っていないとかびる場合があるため、酢はたっぷりと。

❸ 日の当たらない常温で保存し、4～5日で酢に香りが移ったことを確かめてタラゴンを引き上げる。

アドバイス

すし酢としても使えるタラゴンビネガー。魚介類を湯がくときに数滴垂らすと臭みがスッキリとれる。ドレッシングだけでなく、隠し味におすすめなのがセージをつけたビネガー。缶詰のソースを使うとき、料理に数滴垂らせば、気になる缶詰特有のにおいをきれいに消し去ってくれる。

II ハーブを使ってかんたんクッキング ● スパイスになるハーブの種たち／ハーブオイル／ハーブビネガー

いつもの料理が香りで一新！
ハーブパン粉

スイートマジョラム

材料（作りやすい分量）
- ドライパン粉 …………………… カップ1
- 3種類のハーブのみじん切り …… 大さじ1½
- ガーリックのみじん切り ………… 小1かけ分
- オリーブオイル …………………… 大さじ2

作り方
① フライパンにオイルを入れて軽く温める。
② 中火の①にパン粉とガーリックを入れてオイルをなじませる。
③ みじん切りのハーブを②に入れているように混ぜる。
④ カリッとしたら火を止め、すぐにクッキングシートを敷いたバットに移し、広げて冷ます。
⑤ 完全に冷めたら密閉容器に移して冷蔵庫で保存。

アドバイス
フライの衣はもちろん、グラタンに散らすなど。冷凍保存ができるため（P33参照）、作りおきして気軽に使う。

パン粉におすすめのハーブ
コモンタイム、スイートマジョラム、コモンセージ、イタリアンパセリ、オレガノ、レモンタイム

ハーブの香りを手軽に使える
ハーブソルト

タイム

材料（作りやすい分量）
- 塩 …………………………………… 大さじ5
- 3種類以上のハーブのみじん切り … 大さじ5

作り方
① フライパンを軽く熱して塩を入れ、焦がさないように注意しながらサラサラになるまでいる。
② みじん切りのハーブを①に入れ、ハーブが乾いてパリッとするまでさらにいる。
③ すり鉢に②を移し、全体がよく混ざるようにする。
④ 完全に冷めてからビンなどに移して保存する。

アドバイス
料理の傾向でハーブをブレンドすると〇〇風料理も手軽。

ハーブソルトにおすすめのハーブ
タイム、オレガノ、イタリアンパセリ、ローズマリー、セージ、スイートマジョラム、バジル、フェンネルなど。フレッシュでもドライでも可。好みでフェンネルやアニス、コリアンダー、オールスパイス、ブラックペッパーなどのスパイス系シード、ガーリックパウダーなどを入れてもOK。

II ハーブを使ってかんたんクッキング ● ハーブパン粉／ハーブソルト／ジェノバペースト／ハーブはちみつ

フレッシュな香り、美しい色の
ジェノバペースト

バジル

材料（作りやすい分量）
- バジルの葉 …………………………… 80g
- ガーリック …………………………… 2かけ
- 松の実 ………………………………… 大さじ2
- オリーブオイル ……………………… カップ½
- 塩 ……………………………………… 小さじ1
- オリーブオイル（保存用） …………… 適量

作り方
① バジルは洗って水けを十分にとる。
② ガーリック、松の実、オイル少々をミキサーにかける。
③ ②にバジルをちぎりながら少しずつ入れていく。
④ ③にオイルを少量ずつ足していく。
⑤ ③と④を交互にくり返し、ペースト状にする。
⑥ 仕上がり間際に塩を入れる。
⑦ 保存用の容器に移し、表面をオイルで覆う。

アドバイス
ビンなどの容器で保存する場合、鮮やかなグリーンを保つため、ペーストの表面を覆うようにオリーブオイルを注ぐ。冷凍保存の方法は、P33を参照。

手軽にできる香りの
ハーブはちみつ

ローズゼラニウム

材料（作りやすい分量）
- はちみつ ……………………………… カップ1
- ローズゼラニウムの葉 ……………… 5〜6枚

作り方
① はちみつは湯せんにかけて温めたところに、水けを完全にとった葉を入れる。
② ハーブの香りがはちみつに移ったら葉を引き上げ、常温で保存する。

ハーブの常識
水けはしっかりとって
フレッシュハーブを洗ったら、水けは完全にとって使うこと。おすすめは、朝摘んだハーブを水洗いしたら、少しの水を入れたコップに差しておく方法。夕飯の支度までに水けは消え、ハーブは水揚げしてピンとイキイキ！ 観賞もできる。

パンがとびきりおいしくなる
ハーブバター

イタリアンパセリ

材料(作りやすい分量)
無塩バター……………………………100g
フィーヌゼルブ(P30参照)など
ハーブのみじん切り………大さじ1

作り方
❶バターは室温で柔らかくする。
❷フィーヌゼルブのみじん切りを入れて手早く混ぜる。
❸密閉容器に入れて冷蔵保存する。季節にもよるが、1週間〜10日間程度で使いきる。冷凍保存も可。

ハーブバター、ハーブチーズにおすすめのハーブ
フィーヌゼルブ(イタリアンパセリ、フレンチタラゴン、チャイブ、チャービル)、レモンタイム、ローズマリー、スイートマジョラム、バジル、イタリアンパセリ、スペアミント、レモンバーム、レモンバービーナ

アドバイス
カットしたハーブバターをステーキの上にのせれば、いつものひと皿がグンと豪華な雰囲気に！

オードブルに手軽に使える
ハーブチーズ

ガーリック

材料(作りやすい分量)
クリームチーズ……………………100g
ガーリックのすりおろし、こしょう…各少々
フィーヌゼルブ(P30参照)など
ハーブのみじん切り………大さじ1

作り方
❶チーズは室温で柔らかくする。
❷①にハーブのみじん切り(フィーヌゼルブの中から2〜3種でも単品でも可。好みのハーブを追加したり、アレンジを楽しもう)、ガーリック、こしょうを入れて混ぜる。
❸密閉容器に入れて冷蔵保存する。なるべく早く使い切ること。

アドバイス
パプリカを縦割りにし、種を取り除いたものを器代わりにしてハーブチーズを詰める。色鮮やかで食卓がいっぺんに華やかに！

II ハーブを使ってかんたんクッキング ●ハーブバター／ハーブチーズ／トマトのチーズグラタン

ハーブソルトの
トマトのチーズグラタン

作り方
❶トマトは洗ってへたを取り、縦半分に切り、1cmの厚さに切る。
❷耐熱容器に半量のトマトを敷きつめ、表面にハーブソルトを小さじ½ふりかける。
❸半量のチーズを❷の表面全体にのせる。
❹❷と❸をもう一度くり返す。
❺表面にパン粉をふりかけ、オリーブオイルを回しかける。
❻180℃に温めておいたオーブンに入れ、15分焼く。焦げ目を見て、足りないようなら200℃に上げてさらに5分焼く。

アドバイス
一度にトマトがたくさん食べられる。間にズッキーニ、マッシュルーム、玉ねぎやいんげんを入れてもおいしい。バジルやオレガノのみじん切りを入れてもよい。食べ終わると器に残るトマトの汁けもとてもおいしい。パンを浸して食べてしまおう！

材料（4人分）
トマト	3個
シュレッドチーズ	150g
パン粉	大さじ2
ハーブソルト（P36参照）	小さじ1
オリーブオイル	適量

ローズマリー 　　オレガノ

ハーブソルトを使った
チキンのハーブ焼き

作り方
① 鶏肉の脂身を取り除き、身の厚い部分に包丁で軽く切り込みを入れ、全体に塩、こしょう、日本酒をふりかけて下味をつける。
② 下処理したいんげんとかぶをゆでる。ゆで汁にローズマリーを入れて香りづけする。
③ ①の鶏肉は皮と身の間が袋状になるように一部を残して切り離し、その間にハーブソルトを均一にすり込み、みじん切りのハーブを詰める。
④ 熱したフライパンにオリーブオイルを入れ、③を皮の面から中火で焼く。皮がきつね色になったら裏返して身の側を焼く。中までしっかり火が通るよう弱火～中火でじっくり焼く。

アドバイス
皮はカリカリ！ 皮と身の間にハーブを挟むのでハーブが焦げることなく、ナイフを入れるとハーブの香りが広がる。ヘルシーにしたければ、鶏胸肉やささ身を使ってもよい。その場合は、横から切り目を入れて袋状にし、ハーブを詰める。

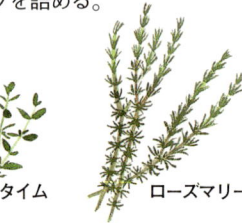

タイム　　ローズマリー

材料（2人分）
鶏もも肉……………………2枚
ハーブソルト（P36参照）
　　………………………小さじ1
ローズマリー、タイムのみじん切り………合わせて小さじ1
オリーブオイル………大さじ2
塩、こしょう、日本酒
　　……………………………各少々
つけ合わせ：
いんげん…………………10本
かぶ……………………小2個
ローズマリー（5cm程度の枝）
　　……………………………1本

セージが香る
ポークソテー

作り方
❶にんじんは皮をむき、厚さ1.5cmの輪切りにして塩ゆでする。クレソンは水洗いし、水けを取っておく。レモンは好みで用意する。

❷二つ折りにした15cm角のラップの間に豚ヒレ肉を1枚ずつ挟む。

❸②をめん棒でまんべんなく叩き、厚さ3〜5mmになるまで薄くのばす。

❹③の叩いた豚ヒレ肉に塩、こしょうし、真ん中にチーズ大さじ1ずつをのせ、1枚を3等分に手でちぎったセージをふりかける。

❺④に叩いた豚ヒレ肉1枚をかぶせ、ヘリを押さえてよくくっつける。

❻⑤にごく薄く小麦粉をまぶす。

❼熱したフライパンにオリーブオイルを入れ、中火で⑥の両面をカリッと焼く。

アドバイス
豚ヒレ肉の代わりに豚もも肉でも可。ロース肉は焼いて脂が溶けると、挟んだチーズがそこから流れ出てしまうために向きません。

材料（4人分）
豚ヒレ肉厚さ1cmの切り身	8枚
シュレッドチーズ	大さじ4
セージの葉	10枚
塩、こしょう	各少々
小麦粉	適量
オリーブオイル	適量
つけ合わせ：	
にんじん	適量
クレソン	適量
レモン	適量

セージ

ローズマリーとスペアミント風味の
ラムチョップ

作り方
① 飾り用以外のハーブとガーリックを塩、こしょうと混ぜ合わせる。
② ラムの表面に①をこすりつけておく。
③ オーブンを180℃に温める。
④ 天パンに網またはクッキングシートを敷き、ラムをのせて、180℃で15～20分焼く（焼き加減はお好みで）。
⑤ 揚げ油を熱してハーブの葉を素揚げし、器に盛りつけたラムの上に散らす。

アドバイス
手軽にできるわりには、見栄えがよく、パーティーメニューに最適。ローズマリーとスペアミントの香りが効いて、ラムが苦手という人にもおすすめできる一品。

ローズマリー　スペアミント

材料（2人分）
ラム（骨つき）……………… 4本
ローズマリー、スペアミントの
　みじん切り……… 各大さじ1
ガーリックのすりおろし
　……………………小1かけ分
塩………………………小さじ1
こしょう…………………… 少々
飾り用：
バジル、ローズマリーの葉
　……………………………各適量
揚げ油……………………… 適量

II ハーブを使ってかんたんクッキング ●ラムチョップ／さんまのグリル

ハーブパン粉を使った
さんまのグリル

作り方
❶三枚におろしたさんまを各2等分に切り、塩、こしょうする。
❷プチトマトはへたを取って洗い、マッシュルームは汚れを取り除く。耐熱容器の底にハーブパン粉を薄く敷き、その上にさんまを並べる。
❸プチトマト、マッシュルームを並べ、ハーブパン粉をさんまが見えなくなる程度にかける。
❹③にオリーブオイルを回しかける。
❺180℃に温めておいたオーブンで15分焼く。表面がこんがり色づき、おいしそうな香りが漂ってきたらでき上がり。

アドバイス
さんまの代わりに、あじやいわし、かじきまぐろ、たらなどでもおいしい。旬のお手ごろ魚をいつもと違う味で楽しもう。合わせる野菜はかぶやズッキーニ、なすでもいい。

スイートマジョラム　　セージ

材料(4人分)
さんま(三枚おろし)……2尾分
ブラウンマッシュルーム
　………………………7個
プチトマト………………7個
ハーブパン粉(P36参照)
　………………………適量
塩、こしょう…………各少々
オリーブオイル…………適量
つけ合わせ：
レモン……………………½個

サフラン風味の
シーフードスープ

サフラン　フェンネル

作り方

① あさり、えびは洗って通常の下処理をする。生たらは3〜4等分に切り、塩、こしょう少々をして下味をつける。

② じゃが芋は皮をむいて一口大、セロリは1cm角に切る。玉ねぎとガーリックはみじん切りにする。

③ 鍋にオリーブオイルを入れ、玉ねぎとガーリック、塩少々を加え、玉ねぎが透き通るまで炒める。ガーリックを焦がさないように火加減に注意。

④ ③にじゃが芋とセロリを加えて炒め、全体に油がまわったら水をひたひたに入れ、ブーケガルニと塩小さじ½を入れる。

⑤ じゃが芋が7〜8割煮えたらトマトの水煮を汁ごと加え、トマトをへらなどでつぶし、ひと煮立ちしたらサフランを入れる。

注意：サフランは煮汁を少し取った小皿の中で色を出してから加える。

⑥ 全体に味がなじんだら、あさり、生たら、えびを入れる。魚介に味がなじむまで煮て、味が薄ければ塩を足してととのえる。

⑦ スープ皿に盛りつけ、フェンネルなどのみじん切りをのせる。

材料（4〜5人分）

あさり	1パック
えび	15尾
生たら	2切れ
玉ねぎ	½個
じゃが芋	大1個
セロリ	10cm程度
トマト水煮缶	1缶（400g）
ガーリック	1かけ
オリーブオイル	適量
サフラン	2つまみ
フェンネルなどのハーブ	適量
塩	適量
こしょう	少々
ブーケガルニ（P30参照）	適量

フローレンスフェンネル株入りの
ポトフ

作り方
❶ささ身は一口大に切って塩、こしょうする。
❷フェンネル株は根を取り、葉と株元に切り分けて筋を取り、株はくし形に、葉は粗みじん切りにする。
❸にんじんは食べやすい大きさのいちょう切り、じゃが芋と玉ねぎは8等分に切る。
❹鍋に水カップ4を入れ、ささ身、ブーケガルニを入れて強火にかける。
❺あくが出たら除き、中火にして、にんじん、じゃが芋、玉ねぎの順に鍋に入れ、柔らかくなるまで煮る（フェンネル株はすぐ煮えるため最後に加える）。途中で塩、こしょうで味をととのえる。
❻ブーケガルニは、香りがスープに移ったら取り出す。
❼仕上げにフェンネルの葉を散らす。

アドバイス
太った株元が特徴のフローレンスフェンネルを使うのは、株をメインで食べるとき。フェンネルの風味を楽しみ、根菜を味わうならスイートフェンネルでもOK。

材料（4人分）
フェンネル	株½個
にんじん	2本
じゃが芋	2個
玉ねぎ	1個
ささ身	3本
ブーケガルニ（P30参照）	適量
塩、こしょう	各適量

コモンタイム　　フェンネル

Ⅱ ハーブを使ってかんたんクッキング ●シーフードスープ／ポトフ

ベビーリーフハーブの
グリーンサラダ

イタリアンパセリ
フレンチタラゴン

作り方
❶ドレッシングの材料をよく混ぜ合わせ、食卓用の器に移す。
❷野菜類は洗って水けをきり、レタスは食べやすい大きさにちぎる。パプリカは太めのせん切りにする。
❸②をボウルで軽く混ぜ、盛りつける。

アドバイス
ハーブの葉のそのままの味や香りが楽しめるサラダ。初めてのハーブも気軽に食べてみよう！ ドレッシングは、ビネガー1：オイル3の割合で、サラダの量によって分量を調節し、かける直前によく混ぜること。

材料（2人分）
〈サラダ〉
ベビーリーフ（若く柔らかいハーブ葉）、レタス…各適量
パプリカ（赤と黄）………各適量
〈ドレッシング〉
ハーブビネガー（P35参照）
　………………………大さじ1
エクストラバージンオリーブ
　オイル……………大さじ3
塩、こしょう………各小さじ½

ハーブの常識
フレッシュハーブの保存の注意
冷凍などで保存したハーブは早めに使いきるのはもちろんのこと、使う際には香りを確認し、なくなっているようなら料理には使わないようにしましょう。保存袋や容器に保存した日付と使用期限の日付を記しておくことをおすすめします。

オレガノが効いた
トマトソースのパスタ

作り方
① ソースは、すべての材料を鍋に入れる。
② 鍋を火にかけ、中火よりやや強めにして、へらでトマトをつぶしながら煮る。
③ あくが出たら除き、弱火にする。
④ かき混ぜながら水分をとばし、半量になったらでき上がり。
⑤ 沸騰した湯に塩を入れてパスタをゆでる。ゆで上がったら水をきって鍋に戻し、バターまたはエクストラバージンオリーブオイルをからめる。
⑥ チーズを⑤のパスタに混ぜ、器に盛りつける。④のトマトソースをかけて、バジルを添える。

アドバイス
よいだしになるため、オリーブオイルはできるだけ上質のものを使う。トマトソースは、シーフードや肉を加えてもよい。また、パスタに合わせるだけでなく、肉のソテーや、ピザのソースにもよく合う。

オレガノ　　ガーリック　　バジル

材料（4人分）
〈トマトソース〉
トマト水煮缶……2缶(800g)
ドライオレガノ…小さじ1〜3
ガーリックのみじん切り…小1かけ分
エクストラバージンオリーブ
　オイル……………大さじ3
塩………………………小さじ½
こしょう…………………適量
〈パスタ〉
パルメジャーノレッジャーノ
　チーズのすりおろし…大さじ5
バターまたはエクストラバージンオリーブオイル………適量
塩………………………適量

Ⅱ ハーブを使ってかんたんクッキング ● グリーンサラダ／トマトソースのパスタ

フレッシュハーブを味わう
サンドイッチ

材料（4人分）／作り方
A〜Dサンドイッチ用食パン各2枚

A：クリームチーズ50g　はちみつ適量　チャイブのみじん切り大さじ2

❶チーズは室温で柔らかく戻し、はちみつを入れて好みの甘さに調節。
❷パンに①を塗って挟む。
❸②を一口大に切り、上部にチーズを少々塗り、チャイブをはりつける。

B：ロースハム1枚　ナスタチウムの葉7〜8枚　バター適量

❶パンにバターを塗ってハムをのせ、ナスタチウムを並べる。
❷もう1枚のパンで挟んで切る。

C：きゅうり1本　スペアミントの葉5〜6枚　塩少々　マヨネーズ適量

❶きゅうりは厚さ2mmの輪切りにして塩をまぶし、水けを絞る。
❷スペアミントはみじん切りにする。
❸パンにマヨネーズを塗ってきゅうりを並べ、スペアミントを散らす。
❹もう1枚のパンで挟んで切る。

D：卵1個　ハーブバター（P38参照）小さじ1　塩、こしょう、マヨネーズ各適量

❶ボウルに卵を溶き、塩、こしょうする。
❷熱したフライパンにハーブバターを溶かし、パンの大きさに卵を焼く。
❸パンにマヨネーズを塗って②をのせ、もう1枚のパンで挟んで切る。

アドバイス
一口サイズで食べやすく、彩りも美しいため、ホームパーティーのオードブルメニューにぴったり！

チャイブ

ナスタチウム

ハーブソルトで作る
おにぎり

バジル
イタリアンパセリ

材料（3個分）
白飯 ································ 茶碗2杯分
ハーブソルト（P36参照） ············ 小さじ2/3

作り方
炊きたての白飯をボウルに移し、ハーブソルトを少しずつかけながらさっくりと混ぜ、好みの形、大きさににぎる。茶碗の大きさなどで白飯の量が変化するため、塩加減は味を見ながら調整すること。

アドバイス
意外なほど相性バツグンのおにぎりとハーブソルト。一口大の白飯をラップで包み軽く丸め、頂点にスモークサーモンやハム、ボイルしたえびなどをのせてにぎれば、手まりずし風に。洋風パーティーにも似合う手軽なオードブルメニューだ。細かく切ったハムやドライトマト、チーズなどを混ぜてにぎってもおいしい。

ディル風味の
ピクルス

コリアンダーシード
ディルシード
レッドペッパー

材料（作りやすい分量）
〈野菜〉
きゅうり2本　にんじん小1本　大根5cm
セロリ1/2本　オクラ5〜6本
〈つけ液〉
水カップ3　米酢カップ1/4　塩大さじ1 1/2
コリアンダーシード、ブラックペッパー、ディルシード各小さじ1
〈A〉
レッドペッパー2本　ディル小枝2〜3本
ガーリック1かけ（切らない）

作り方
❶野菜は洗って水けをきる。オクラ以外は食べやすい大きさに切る。
❷つけ液の材料を鍋に入れて火にかけ、沸騰したら2〜3分煮立たせて火を止める。
❸①とAを密閉容器に入れ、②を熱々のうちに注ぐ。
❹容器にラップをかけ、野菜が浮き上がらないように皿などをのせ、冷ます。冷めたら密閉して冷蔵庫へ。作って2〜3日目が食べごろ。

Ⅱ ハーブを使ってかんたんクッキング ● サンドイッチ／おにぎり／ピクルス

アニスが香る
スノーボールクッキー

材料（24個分）
- アニスシード……………………小さじ1
- バター………………………………100g
- 粉砂糖…………………………………35g
- 薄力粉………………………………150g
- くるみ………………………………カップ½

作り方
❶ バターは室温で柔らかくし、アニスは包丁で細かく砕き、くるみは粉状態になるまでみじん切りにする。
❷ ボウルに粉砂糖15gとバターを入れて白っぽくなるまで混ぜる。
❸ ②に①のくるみ、アニスを入れ、薄力粉をふるい入れ、へらで混ぜ、さらに、しっとりするまで手で混ぜる。
❹ ③を24等分して手のひらで直径3㎝程度に丸める。
❺ オーブンを170℃に温め、クッキングシートを敷いた天パンに④を並べ、7～10分焼く。
❻ 粗熱がとれたら、残りの粉砂糖20gをまぶしつける。焼き具合は、7分で取り出してサクッとしていたらOK。しっとりなら様子を見ながらさらに焼く。

アニスシード

さわやかミントの
ヨーグルトソース

材料（4個分）
- フルーツゼリー（市販）………………4個
- 〈ヨーグルトソース〉
- プレーンヨーグルト………………カップ1
- スペアミントのみじん切り…………大さじ1

作り方
ソースの材料をよく混ぜ、皿に移したゼリーにかけ、スペアミントの葉を飾る。

アドバイス
ヨーグルトにミントのみじん切りを混ぜるだけのお手軽ソース。スーパーやコンビニのデザートにかけるだけ。

スペアミント

ハーブの常識

農薬の使い方に注意！
フレッシュで使うハーブは、なるべく無農薬で育てたものを使うこと。やむを得ず農薬を使う場合は、注意事項をよく読み、薬剤の散布後、いつから食用できるのか、十分に確かめてから使いましょう。

おいしくおしゃれな
クリスタライズドハーブソルト

ローズマリー

材料（作りやすい分量）	
卵白	1個分
レモン汁	5滴
セージ、タイム、ローズマリー	各適量
粗塩	適量

作り方
❶ハーブはさっと洗って水けを完全にとる。
❷卵白にレモン汁を加えてよく溶く。
❸ハーブを②につけて引き上げ、軽くしごいて卵白が薄くついた状態にする。
❹③を皿などに置き、粗塩をふりかける（ソルトミルを使えばよい）。
❺クッキングシートに置いて4～5日かけて完全に乾かす。長期保存が可能なため、乾いたら箱形の密閉容器に移す。

アドバイス
食卓でテーブル塩代わりに使えるおしゃれなハーブソルト。洋酒に添えても素敵。ハーブに卵白をつける際、つけすぎると塩がつきすぎるため、薄くつけること。

みずみずしく美しい
ハーブアイス

ローズ

材料	
無農薬で育てた、フレッシュで食べられる、色と香りのよいハーブの花や葉	適量

※市販の食用花を加えてもOK。

作り方
製氷皿に彩りよくハーブを配し、水を注いで冷凍庫で凍らせる。ハーブが上面に浮き上がってくるため、初めに半分の高さまで水を注ぎ、ハーブを入れ、ほぼ凍ったところでさらに冷水を足して完全に凍らせる。

アドバイス
大小の器を各1個用意し、器を重ねた間に水とハーブを入れて凍らせれば、ハーブ入りの氷の器ができ上がる！　氷の器の外し方は、小さい器に熱湯を注ぎ、大きい器の底に熱いおしぼりを当てて温めると外れる。時間をかけると溶けてしまうため、手早くすること。

Ⅱ ハーブを使ってかんたんクッキング ●スノーボールクッキー／ヨーグルトソース／クリスタライズドハーブソルト／ハーブアイス

クッキングのハーブ図鑑

アーティチョーク
Cynara scolymus

キク科　多年草
原産地：地中海沿岸
別名/和名：──/チョウセンアザミ
利用部分：つぼみ（開花前）、葉
利用法：料理、園芸

特徴：2mくらいの草丈に育ち、総苞片に包まれたつぼみからアザミに似た花を咲かせて庭や畑でもひときわ目を引く。オードブルなどの料理に利用されてきたが、葉に含まれる成分に肝機能の働きをよくしたり、コレステロールを低下させる作用があるとされ、薬用ハーブとしても見直されている。開花直前のつぼみを丸ごとゆでて、1枚ずつはがした総苞片の付け根の柔らかな部分と、はがした後に出てくる総花床を食用する。開花直前に収穫する充実したつぼみと葉は乾燥させてお茶や薬用酒に利用する。カールドンは原種とされる。

栽培のポイント：大きく育つため1m程度の株間が必要。
注意：母乳の出方に影響するため、授乳中は使用しない。

栽培データ　日当たり：☀　耐寒性：半耐寒
草丈：1.5〜2m　広がり：70cm〜1m

1	2	3	4	5	6	7	8	9	10	11	12
		植え付け									
				開花							
			収穫								
								株分け			

アニス
Pimpinella anisum

セリ科　一年草
原産地：ギリシャ、シリア、エジプト
別名/和名：──/アニシード
利用部分：種、葉、花、茎、根
利用法：お茶、料理、ポプリ、クラフト、切り花、園芸

特徴：古代ローマ人たちは、消化促進のために宴会の後にアニスやフェンネルの種入りのケーキを食べていたとされ、これが今日のウエディングケーキのルーツになったといわれる。地中海沿岸では昔から、せき止め、利尿、消化促進などの薬用に栽培されていた。葉と種は独特の甘くスパイシーな香りがする。葉や花はサラダ、魚や野菜料理にも合う。根は煮込み料理、種はお菓子やリキュールなどの香味づけ、お茶に利用する。種は茶色に色づく前に茎をつけて刈り、陰干しして追熟させて用いる。

栽培のポイント：日当たり、風通しのよい涼地を好む。土は苦土石灰を入れてアルカリ性に。移植を嫌うため、種まきは株間をとって直まきにする。

栽培データ　日当たり：☀　耐寒性：なし
草丈：30〜50cm　広がり：20〜40cm

1	2	3	4	5	6	7	8	9	10	11	12
		植え付け						植え付け			
				開花							
				収穫							

オレガノ
Origanum vulgare

シソ科　多年草
原産地：ヨーロッパ
別名／和名：ワイルドマジョラム／ハナハッカ
利用部分：葉、花、若枝、茎
利用法：お茶、料理、ポプリ、ドライフラワー

特徴：地中海沿岸では、紀元前から薬用に利用されていた歴史のあるハーブ。スパイシーな強い香りで消化促進、防腐、殺菌作用などがある。古くから修道院の庭で栽培され、土間にまいて踏み、その殺菌効果を生かすなど、生活空間の清浄にも利用されていた。ドライのほうがよく香る。開花期の香りが強いため、そのころに収穫して乾燥保存するとよい。加熱しても香りが消えず、トマト料理とも好相性でイタリア料理に欠かせない。

栽培のポイント：日当たり、排水良好の場所に植える。梅雨時は間引いて風通しをよくする。根が横に広がるため、2～3年ごとに株分けする。
注意：妊娠中の摂取は控えること。

栽培データ　日当たり：☀　耐寒性：あり
草丈：30～80cm　広がり：30～80cm

1	2	3	4	5	6	7	8	9	10	11	12
	植え付け				植え付け						
				開花							
				収穫							
			挿し木								
		株分け				株分け					

イタリアンパセリ
Petroselinum crispum var. neapolitanum

セリ科　二年草
原産地：地中海沿岸
別名／和名：フレンチパースリー／――
利用部分：葉
利用法：お茶、料理、染色

特徴：パセリは古代ギリシャ、ローマ時代より利用されていたハーブで、かつては料理より薬として用いられたという。戦いの勝者を祝福し、讃える冠として与えたとされる。緑色の葉が縮れている品種、葉が平らな品種があり、イタリアンパセリは後者。ビタミン、ミネラルが豊富で、消化を助ける働きがあり、料理の香味づけに幅広く利用される。保存は香りの損失が少ない冷凍が向く。ニンニク料理の後に生葉を食べると、口臭防止になる。

栽培のポイント：日当たりを好むが、夏は半日陰程度に。直根のためコンテナは深めにし、根鉢を崩さないで植える。高温多湿に注意する。
注意：妊娠中の摂取は控えること。

栽培データ　日当たり：☀☀　耐寒性：半耐寒
草丈：20～40cm　広がり：20～40cm

1	2	3	4	5	6	7	8	9	10	11	12
		植え付け					植え付け				
				開花							
				収穫							

―――

Ⅱ　ハーブを使ってかんたんクッキング
●アニス／アーティチョーク／イタリアンパセリ／オレガノ

キャラウェイ
Carum carvi

セリ科　二年草
原産地：ヨーロッパ
別名／和名：──／ヒメウイキョウ
利用部分：種、葉、根
利用法：料理、ヘルスケア、香料

特徴：スパイシーで甘さのある、さわやかな香りが印象的なハーブ。エリザベス1世時代のイギリスでは、砂糖をまぶした種を焼きリンゴに添えたという。消化を助ける働きがあり、葉はサラダやスープに利用し、根は野菜として使う。独特の香味を生かして、種はドイツ料理のザワークラウトやハンガリーの煮込み料理、グヤーシュなどに使われる。チーズ料理、ピクルス、パン、ケーキ、クッキー、リキュールなどにも用いられる。

栽培のポイント：日当たり、排水のよい場所に。直根のため鉢は深さのあるものを。移植を嫌うため、種は株間をとって直まきにする。

栽培データ　日当たり：☀　耐寒性：半耐寒
草丈：30〜60cm　広がり：20〜30cm

1	2	3	4	5	6	7	8	9	10	11	12
			種まき				種まき				
			植え付け				植え付け				
					開花						
				葉の収穫							
								2年目の種・根の収穫			

ガーリック
Allium sativum

ユリ科　多年草
原産地：中央アジア
別名／和名：──／ニンニク
利用部分：鱗茎（りんけい）、若い花茎
利用法：料理、コンパニオンプランツ

特徴：紀元前から薬用として栽培され、ツタンカーメン王の墓の中からも発見されている。食欲増進、疲労回復、殺菌、防腐作用があり、肉、魚料理では臭みを消して風味をよくする。香りは、切り口が空気に触れると成分が変化し、独特の強い匂いになる。鱗茎はみじん切りや、すりおろして使い、花茎は炒め物に使う。地上部の葉が枯れるころに掘り上げ、雨が当たらない風通しのよい日陰に吊り下げて保存する。

栽培のポイント：植え付け前に苦土石灰、腐葉土、堆肥、元肥を入れて土作りをする。鱗茎を太らせるために、つぼみは摘む。日当たり、排水のよい土地を好む。

栽培データ　日当たり：☀　耐寒性：あり
草丈：30〜60cm　広がり：20〜30cm

1	2	3	4	5	6	7	8	9	10	11	12
									植え付け		
					開花						
				収穫							

54

ゲットウ
Alpinia zerumbet (A. speciosa)

ショウガ科　多年草
原産地：南西諸島〜亜熱帯、インド南部、東南アジア
別名／和名：シェルジンジャー、サンニン／ゲットウ
利用部分：葉、種、根茎
利用法：お茶、料理、ヘルスケア

特徴：一見、ハランのように見える葉にはさわやかな芳香があり、初夏になると淡いピンクがかった白い花が垂れ下がって咲く。ゲットウ（月桃）という名は台湾での呼び方で、沖縄ではサンニンと呼ばれている。ポリフェノールを含み、優れた抗菌、殺菌作用があるとされる。沖縄では昔から季節行事とも深く関わり、調理の際に食品を包んだりしていた。種は漢方や香辛料に使われ、茎は繊維の原料となる。近年ではゲットウに含まれる有効成分の研究が進み、さまざまな利用法が考えられている。

栽培のポイント：日当たりから明るい半日陰で育つ。寒さには比較的強いが、暖地以外は冬期は室内に入れる。

栽培データ　日当たり：☀🌤　耐寒性：半耐寒
草丈：2〜3m　広がり：30cm〜

	1	2	3	4	5	6	7	8	9	10	11	12
植え付け			■	■								
開花				■	■	■	■					
収穫					■	■	■	■	■			
株分け						■	■	■				

クレソン
Nasturtium officinale

アブラナ科　多年草
原産地：ヨーロッパ〜アジア南西部
別名／和名：ウォータークレス／オランダガラシ
利用部分：葉、茎
利用法：料理、ヘルスケア

特徴：食するとピリッとした辛みのあるクレソンは明治初期に渡来し、洋食レストランの普及に合わせて広まったとされる。現在では帰化植物となり、各地の川辺に見られる。春、白い小花を枝の先端に集めて咲かせる。茎葉にはビタミン、ミネラルが豊富に含まれており、サラダ、スープなどにして食用とする。利尿、去痰、増血作用などがあるとされている。学名のNasturtiumは、「nasi ＝鼻」「tortium＝歪む」というラテン語からなり、鼻が歪むほどに刺激的な風味があることに由来する。

栽培のポイント：水辺を好み、暑さには弱い。
注意：野生のものは川の汚染や病原体がついている危険があるため、採取には気をつけること。

栽培データ　日当たり：☀　耐寒性：あり
草丈：30〜50cm　広がり：20cm〜

	1	2	3	4	5	6	7	8	9	10	11	12
植え付け			■	■								
開花				■	■							
収穫					■	■	■	■				
挿し木					■	■						
株分け	■	■	■					■	■	■	■	■

サフラン
Crocus sativus

アヤメ科　多年草
原産地：小アジア〜地中海沿岸
別名／和名：バンコウカ、サフランクロッカス／サフラン
利用部分：雌しべ
利用法：お茶、料理、染色

特徴：クロッカスの仲間で姿がよく似ている。開花直後、朝露が降りる前に3本に分かれた雌しべを手で摘み取る。3万個の花からわずか100gしか採れないため、高価。発汗、健胃、通経、鎮痛作用のあるハーブとして、昔から薬用とされてきた。美しい黄色と、独特の風味は魚介類によく合い、ブイヤベース、また、パエリアなどの米料理に使われる。油には溶けないため、あらかじめ少量の湯に浸し、色と香りを出してから使う。

栽培のポイント：排水良好の用土に球根の3倍程度の深さに植える。開花後、液肥を施して球根を太らせる。葉が枯れたら掘り上げて風通しのよい場所で保存する。

栽培データ　日当たり：☀　耐寒性：半耐寒
草丈：15〜30cm　広がり：5〜10cm

1	2	3	4	5	6	7	8	9	10	11	12
							植え付け				
									開花		
									収穫		

コリアンダー
Coriandrum sativum

セリ科　一年草
原産地：地中海沿岸
別名／和名：香菜、パクチー、カメムシソウ／コエンドロ
利用部分：若葉、種、根
利用法：料理、クラフト

特徴：健胃、消化促進、防腐作用などがあり、エスニック料理や中国料理では、この独特の香りが効果的に使われている。ミント、唐辛子、ガーリックなどと好相性。若い葉はサラダやスープ、薬味に使う。肉、魚料理の臭み消しにも利用する。長時間の加熱は避け、料理の仕上げに使う。乾燥した種は、さわやかで心地よい香りになり、カレー、シチュー、ピクルス、焼き菓子などに用いられる。種は黄褐色に色づいたら刈り取り、追熟させて乾燥保存する。

栽培のポイント：日当たりを好むが、夏は半日陰がよい。梅雨時は過湿にならないように注意する。移植を嫌うため、種は直まきする。

栽培データ　日当たり：☀☀　耐寒性：半耐寒
草丈：40〜60cm　広がり：20〜30cm

1	2	3	4	5	6	7	8	9	10	11	12
			種まき					種まき			
			植え付け					植え付け			
				開花							
			葉の収穫				種の収穫				

56

サンショウ
Zanthoxylum piperitum

ミカン科　木本　雌雄異株
原産地：日本、朝鮮半島南部
別名／和名：ハジカミ／サンショウ
利用部分：芽、葉、つぼみ、果実
利用法：料理、園芸

特徴：新緑のころの若い芽は「木の芽」と呼ばれ、吸い物などに利用されて親しまれている。独特のさわやかな芳香と辛みが好まれ、古くから日本の食卓と関わりが深い。ハジカミは古名であり、『古事記』にも記載があるという。開花後にできる若い果実や花のつぼみは佃煮、熟した果実は中の種を取って乾燥させた果皮をスパイスとして利用し、七味唐辛子の材料の一部にもなる。魚などの臭み消し、健胃、整腸などの作用がある。香りがあり丈夫な幹は、すりこぎなどに利用可。トゲのない品種もある。

栽培のポイント：日当たりよく、適度に湿り気のある場所に。夏の乾燥に注意。雌雄異株で実は雌株につくため、実を収穫する場合は両方植えるとよい。

【栽培データ】　日当たり：☀　耐寒性：あり
草丈：1〜3m　広がり：1m〜

1	2	3	4	5	6	7	8	9	10	11	12
植え付け									植え付け		
		開花									
		新芽・若葉の収穫			実の収穫						

サラダバーネット
Sanguisorba minor

バラ科　多年草
原産地：ヨーロッパ、アジア
別名／和名：ガーデンバーネット／オランダワレモコウ
利用部分：葉、花、根
利用法：料理、ヘルスケア、クラフト、園芸

特徴：かつて、ハーブガーデンではサラダ用ハーブとして栽培されていたため、この名がついたという。若葉にはキュウリそっくりの風味があり、ビタミンCを含み、消化促進作用があるとされる。サラダ、スープ、ソース、クリームチーズ、冷たい飲料などの風味づけに利用できる。切り傷や止血などの薬用とされたこともあり、新大陸に初めて移住した人々はこのハーブを携行したという。学名はラテン語に由来し、傷口、内出血を癒す力があることを表している。初夏から夏にかけて茎先に赤い球状のかわいい花がつく。日本のワレモコウは近縁種。

栽培のポイント：日当たり、排水性のよい場所に。生育が旺盛になる前の早春に元肥を施し、追肥も忘れずに。

【栽培データ】　日当たり：☀　耐寒性：あり
草丈：30〜60cm　広がり：20〜40cm

1	2	3	4	5	6	7	8	9	10	11	12
		植え付け						植え付け			
				開花							
				収穫							
				株分け							

II ハーブを使ってかんたんクッキング
●コリアンダー／サフラン／サラダバーネット／サンショウ

ショウガ
Zingiber officinale

ショウガ科　多年草
原産地：熱帯アジア、インド、マレーシア
別名／和名：ジンジャー、ハジカミ／ショウガ
利用部分：根茎
利用法：料理、ヘルスケア

特徴：熱帯アジア原産といわれているが、日本には平安時代に中国を経て渡来し、ハジカミと呼ばれて栽培されていたという。世界的に薬用植物として古くから用いられてきた。健胃、新陳代謝促進、鎮吐、消炎、解毒、発汗など、さまざまな作用があることが知られている。江戸時代に来日し、オランダ商館医となったドイツ人医師シーボルトは、風邪の民間療法としてショウガを用いることを母国に紹介したという。香辛料としても欠かせない。芳香のある白や橙色の花を咲かせるジンジャーはHedychium属で、おもに花を観賞する花生姜である。

栽培のポイント：湿り気のある肥沃な土壌で暖かな場所を好む。夏の乾燥に注意する。連作は避けること。

栽培データ　日当たり：☀　耐寒性：なし
草丈：60cm〜1.5m　広がり：20cm〜

1	2	3	4	5	6	7	8	9	10	11	12
		植え付け									
					開花						
								収穫			

シソ
Perilla frutescens

シソ科　一年草
原産地：中国南西部
別名／和名：イヌエ、アオジソ、アカジソ、オオバ／シソ
利用部分：葉、花穂、果実
利用法：料理、ヘルスケア、園芸

特徴：料理の薬味、ツマもの野菜として広まっているが、古くから食用、薬用として利用されてきた。ビタミン、ミネラルなどを豊富に含み、防腐、殺菌、抗菌、発汗、健胃作用などがあるとされる。さまざまな品種があるが、葉色が緑色のアオジソ、赤紫色のアカジソに分けられる。アカジソ特有の色素は酸が加わると色鮮やかに美しく発色し、梅干し漬け、ジュースなどに利用される。葉の収穫は花穂ができる前がよい。生長した葉だけではなく、発芽後間もない幼苗は芽ジソ、開花始めの花穂は穂ジソ、開花後にできる果実はシソの実として活用される。

栽培のポイント：好光性種子のため覆土はしない。

栽培データ　日当たり：☀　耐寒性：なし
草丈：30cm〜1m　広がり：30〜50cm

1	2	3	4	5	6	7	8	9	10	11	12
			種まき								
			植え付け								
								開花			
							収穫				

スイートマジョラム
Origanum majorana

シソ科　多年草
原産地：ヨーロッパ
別名／和名：マジョラム／マヨラナ
利用部分：葉、茎
利用法：お茶、料理、ヘルスケア、クラフト

特徴：オレガノと同属だが、香りはオレガノよりもやさしい。愛と美の女神ビーナスが作った「幸せのハーブ」といわれる。トマトやチーズと合い、肉、魚料理に使えば、臭みを消して風味を増す。フランス料理によく使われ、ドイツではソーセージの香味づけとして欠かせない。フレッシュ、ドライのどちらでも使え、料理では仕上げに使うと効果的。

栽培のポイント：日当たり、風通し、排水性のよい場所を好む。高温多湿による蒸れに弱いため、梅雨前に収穫を兼ねて間引きし、風通しをよくする。冬期、寒冷地では防寒のために根元を保温するか、室内に入れる。
注意：妊娠中は薬用を避けること。

栽培データ　日当たり：☀　耐寒性：半耐寒
草丈：20～50cm　広がり：20～30cm

1	2	3	4	5	6	7	8	9	10	11	12
	植え付け						植え付け				
			開花								
				収穫							
			挿し木								
		株分け				株分け					

スイートバジル
Ocimum basilicum

シソ科　一年草
原産地：熱帯アジア
別名／和名：バジリコ／メボウキ
利用部分：葉、花
利用法：お茶、料理、ヘルスケア、クラフト

特徴：スパイシーで甘さのあるさわやかな香りで、強壮、抗菌、消化促進作用などがある。昔は薬用として、また香水の原料として栽培されていた。ドライよりもフレッシュで使うほうが香りは引き立ち、料理の仕上げに使うと効果的。イタリア料理ではオレガノと並んでよく使われる。花が咲くと葉が固くなり、風味や草勢も落ちるため、つぼみができる前に花芽はまめに摘むとよい。冷凍またはビネガー、オイルに浸けて保存できる。

栽培のポイント：種まきは気温が上がる4月末～5月に。好光性種子のため、覆土は薄めにする。土が乾ききる前に水やりすること。

栽培データ　日当たり：☀　耐寒性：なし
草丈：30～50cm　広がり：20～30cm

1	2	3	4	5	6	7	8	9	10	11	12
			種まき								
				植え付け							
							開花				
							収穫				
					挿し木						

セイボリー（サマーセイボリー）
Satureja hortensis

シソ科　一年草
原産地：地中海沿岸
別名／和名：サマーセイボリー、サボリー／キダチハッカ
利用部分：茎葉、花
利用法：お茶、料理、ヘルスケア、クラフト

特徴：地中海沿岸原産、一年草のこのハーブはピリッとした辛みの中にさわやかな芳香があり、エルブドプロバンスの主材料の1つとなる。料理用ハーブとしての歴史は古く、イギリスでは16世紀ごろから盛んに利用されていたという。特に豆料理と相性がよく、「豆のハーブ」とも呼ばれる。タイムに似た風味だが香りと辛みが強いため、控えめに使用するとよい。消化促進、殺菌、収れん作用などがあるとされ、ハーブバス、フェイシャルスチームなどにも利用できる。近縁のウインターセイボリーは常緑の低木で、1年を通した利用、収穫が可能。

栽培のポイント：日当たりを好む。
注意：妊娠中は飲用しないこと。

栽培データ　日当たり：☀　耐寒性：半耐寒
草丈：20〜40cm　広がり：20〜40cm

1	2	3	4	5	6	7	8	9	10	11	12
		種まき	種まき								
		植え付け	植え付け								
				開花	開花						
					収穫	収穫					

スペアミント
Mentha spicata

シソ科　多年草
原産地：地中海沿岸
別名／和名：ガーデンミント／ミドリハッカ
利用部分：葉、花、茎
利用法：お茶、料理、ヘルスケア、クラフト、染色、切り花、園芸

特徴：古代ローマ人が好んだハーブで、彼らによって北ヨーロッパにもたらされて広まった。殺菌、防腐作用があり、同じ仲間のペパーミントより刺激が少なく、甘さのある香りで、料理やお菓子作りに利用される。イギリス料理では肉の臭みを消すため、ミントソースにしてローストラムに添える。タイ、ベトナムなどのエスニック料理では、サラダやソースによく使われる。

栽培のポイント：半日陰でも育つが、排水がよく保水性のよい場所に。地下茎が横にはって広がるため、植える場所に注意する。ミント同士は一緒に植えるのを避ける。

栽培データ　日当たり：☀ ☀　耐寒性：あり
草丈：30cm〜1m　広がり：30cm〜

1	2	3	4	5	6	7	8	9	10	11	12
			植え付け	植え付け				植え付け	植え付け		
					開花	開花					
				収穫	収穫	収穫					
				挿し木				挿し木			
				株分け	株分け			株分け	株分け		

ソレル
Rumex acetosa

タデ科　多年草
原産地：北半球の温帯
別名／和名：ガーデンソレル／スイバ、スカンポ
利用部分：葉、根
利用法：料理、ヘルスケア

特徴：ホウレンソウに似た葉はシュウ酸を含んでいるため酸味がある。酸味は春から季節が進むと次第に強くなる。抗真菌、収れん、利尿作用などがあるとされる。酸味があることから和名ではスイバ、スカンポと呼ばれ、かつては道端でもよく見られた。フランス料理では若葉のさわやかな酸味をソース、サラダ、スープなどに利用する。湯がいてから調理するとよい。根は秋に堀り上げ、生のまま、または乾燥させてお茶や湿布剤として使用する。

栽培のポイント：肥沃な湿り気のある場所で育てる。
注意：多量に食用しない。リュウマチ、関節炎、通風、腎臓結石、胃酸過多など持病のある人は医師に相談する。小児、高齢者は使用しないこと。

栽培データ　日当たり：☀　耐寒性：あり
草丈：40～80cm　広がり：20～40cm

1	2	3	4	5	6	7	8	9	10	11	12
	植え付け										
		開花									
			収穫								
		株分け									

セリ
Oenanthe javanica (O. japonica)

セリ科　多年草
原産地：日本、朝鮮半島、中国、東南アジア
別名／和名：カワナ、タゼリ、ミズゼリ／セリ
利用部分：葉、茎
利用法：料理、ヘルスケア

特徴：原産地が日本であるセリは、古くから日本人の食生活と関わり、奈良時代には栽培されていたという。ビタミン、ミネラルなどを含み、食欲増進、発汗、解毒などの作用があるとされる。1月7日の七草粥には欠かせない。若々しい茎葉の調理法は、おひたし、天ぷら、鍋物などさまざまあり、すがすがしい早春の香りを味わえる。名の由来は、競り合うように芽が出てくる様によるという。野生のものはドクゼリと見分けがつきにくいため、苗は購入するのがよい。

栽培のポイント：湿地を好む。走出枝の節から発根した部分を切り離して殖やせる。

栽培データ　日当たり：☀　耐寒性：あり
草丈：20～30cm　広がり：15～20cm

1	2	3	4	5	6	7	8	9	10	11	12
									植え付け		
					開花						
収穫										収穫	
		株分け				株分け					

Ⅱ　ハーブを使ってかんたんクッキング　●スペアミント／セイボリー（サマーセイボリー）／セリ／ソレル

チャービル
Anthriscus cerefolium

セリ科　一年草
原産地：ヨーロッパ〜アジア西部
別名／和名：セルフィーユ／ウイキョウゼリ
利用部分：葉、茎
利用法：お茶、料理、ヘルスケア

特徴：古代ローマ人が好み、ヨーロッパにもたらされて広まった。パセリよりもデリケートで、フランスではアニスに似た甘さのある香りが好まれ、「美食家のパセリ」と呼ばれる。フランス料理のフィーヌゼルブには欠かせないハーブの1つ。ビタミン、ミネラルを含み、消化促進、血行促進作用などがある。加熱すると香りが消えるため、ドレッシングやサラダ、料理の仕上げに使う。半日陰で育てるのが理想的で、一段と香り高くなる。

栽培のポイント：やや湿り気があり、半日陰の涼しい場所を好む。移植を嫌うため、種まきは元肥を施してから直まきし、株間は十分にとること。夏は直射日光を避けて風通しをよくする。

栽培データ　日当たり：☀　耐寒性：半耐寒
草丈：20〜60cm　広がり：20〜30cm

1	2	3	4	5	6	7	8	9	10	11	12
		種まき					種まき				
		植え付け					植え付け				
				開花							
			収穫				収穫				

ダンデライオン
Taraxacum officinale

キク科　多年草
原産地：ヨーロッパ、アジア
別名／和名：――／セイヨウタンポポ
利用部分：葉、根
利用法：お茶、料理、ヘルスケア

特徴：ヨーロッパで薬剤師が扱うようになったのは16世紀になってからという。ビタミン、鉄分、カリウムなどを含み、消化促進、健胃、強壮、強肝作用などがあるとされる。若い葉はサラダなどの食用となり、秋に収穫する根は、乾燥後に焙じるとタンポポコーヒーとなる。英名Dandelionは、深く切れ込みのある葉形がライオンの歯に似ていることから付けられ、フランス語のDents de lion（＝ライオンの歯）に由来するという。

栽培のポイント：日当たりを好む。株分けのとき、根から出る白い分泌液は水で洗い、水あげするとよい。
注意：胆汁管の障害、潰瘍、胆石、胆嚢疾患、胃炎などのある人は医師に相談する。低血圧の場合も注意すること。

栽培データ　日当たり：☀　耐寒性：あり
草丈：20〜30cm　広がり：20〜40cm

1	2	3	4	5	6	7	8	9	10	11	12
		植え付け									
			開花								
			葉の収穫					根の収穫			
		株分け						株分け			

ディル
Anethum graveolens

セリ科　一年草
原産地：地中海沿岸、西アジア
別名／和名：──／イノンド
利用部分：葉、種、花
利用法：料理、クラフト、香料、切り花

特徴：紀元前から薬用されてきたハーブで、健胃、鎮静作用がある。姿はフェンネルと似ているが、ディルの葉はフェンネルよりもグレーがかり、繊細な印象。キャラウェイに似ているが、ややシャープな香りがする。北欧料理によく使われ、ジャガイモ、卵、魚介、ヨーグルト、サワークリームなどに合う。自家製ピクルスには花が咲いた枝をぜひ使いたい。種はビネガー、ピクルス、焼き菓子、お茶などに利用する。

栽培のポイント：日当たり、排水のよい場所を好み、肥えた土でよく育つ。種は株間をとって直まきにする。草丈20cmくらいから支柱を立てる。

栽培データ　日当たり：☀　耐寒性：半耐寒
草丈：70cm～1.5m　広がり：30～50cm

1	2	3	4	5	6	7	8	9	10	11	12
		種まき				種まき					
			植え付け				植え付け				
				開花							
				収穫							

チャイブ
Allium schoenoprasum

ユリ科　多年草
原産地：ヨーロッパ、アジア
別名／和名：シブレット／エゾネギ
利用部分：葉、花
利用法：料理、ドライフラワー、園芸

特徴：日本に自生するアサツキの仲間。ネギに似た香りがするが、その風味はネギよりも繊細。殺菌、防腐、食欲増進作用がある。フランス料理のフィーヌゼルブに欠かせないハーブ。ジャガイモ、卵料理、クリームチーズなどに合い、料理の仕上げに使うとよい。日本の家庭料理にも万能ネギ、アサツキとほぼ同様に使える。小口切りにして冷凍保存しておくと便利。ピンク色の花にもほのかにネギの香りがあるため、食用花として楽しめる。柔らかい葉を保つには、花芽は摘むとよい。

栽培のポイント：根付け直後の水やりは、葉がピンとするまで待ってから行うとよい。植え付けるとき、堆肥や腐葉土を施す。収穫後追肥し、春と秋にも施肥する。

栽培データ　日当たり：☀　耐寒性：あり
草丈：15～30cm　広がり：10～15cm

1	2	3	4	5	6	7	8	9	10	11	12
			植え付け						植え付け		
			開花								
				収穫							
		株分け						株分け			

Ⅱ　ハーブを使ってかんたんクッキング
● ダンデライオン／チャービル／チャイブ／ディル

ニガウリ
Momordica charantia

ウリ科　一年草
原産地：インド
別名／和名：ツルレイシ、ゴーヤー／ニガウリ
利用部分：果皮
利用法：お茶、料理、園芸

特徴：食すると独特の苦みがあり、沖縄ではゴーヤーと呼ばれ古くから親しまれている。苦みの成分には解熱、駆虫、利尿などの作用があるとされ、果実はビタミンC、ミネラルを豊富に含んでいる。調理の際は、種とその周囲のわた状の部分を除いて果皮を利用する。果皮は熟すと黄色に変化し、種を包む仮種皮は赤色で甘く、食することも可能。近年は沖縄野菜として注目され、暑い時季の食欲増進、体力維持のための夏野菜としても広まっている。つる状に生育するため、夏の強い日射しを遮るエコプランツ、緑のカーテンとしての利用も高まっている。

栽培のポイント：日当たりがよい場所を好む。梅雨時に過湿になると根腐れしやすくなるため注意する。

栽培データ　日当たり：☀　耐寒性：なし
草丈：2m〜　広がり：50cm〜

1	2	3	4	5	6	7	8	9	10	11	12
			植え付け								
					開花						
						収穫					

ナスタチウム
Tropaeolum majus

ノウゼンハレン科　一年草
原産地：南アメリカ
別名／和名：インディアンクレス／キンレンカ
利用部分：葉、花、種、つぼみ
利用法：料理、切り花、園芸

特徴：16世紀にペルーからスペインにもたらされ、フランス・フランドル地方を経由してイギリスに伝わったという。当時はインディアンクレスという名で呼ばれ、食用ハーブとされていた。葉はビタミンCや鉄分を含み、抗菌作用もある。ピリッとして、ワサビに似た風味がある。マスタードの代わりにサンドイッチに挟んだり、刻んでクリームチーズなどに混ぜて使うとよい。花にも同様の風味があり、食用花になる。緑色の若い種をすりおろすとワサビそっくりの風味を楽しめる。つぼみや若い種は、酢漬けにするとピクルスのように利用できる。

栽培のポイント：日当たり、排水のよい場所を好む。夏は半日陰で、開花後は切り戻して施肥すると秋もよく咲く。

栽培データ　日当たり：☀☀　耐寒性：なし
草丈：30cm〜3m　広がり：50cm〜

1	2	3	4	5	6	7	8	9	10	11	12
			種まき					種まき(暖地)			
		植え付け									
				開花				開花			
				収穫				収穫			

フェンネル
Foeniculum vulgare

セリ科　多年草
原産地：地中海沿岸
別名／和名：スイートフェンネル／ウイキョウ
利用部分：葉、種子、茎
利用法：お茶、料理、ヘルスケア、染色、園芸

特徴：古代ギリシャ、エジプト時代から料理や薬用に栽培されてきた。アニスのような香りの葉は、魚料理によく合うため、「魚のハーブ」とも呼ばれる。中世の修道院では、魚の生臭さを消すために利用していた。サラダ、ソース、スープにも使う。フレッシュな葉は、美しい色の香味あふれるお茶になり、消化を助ける。フローレンスフェンネルは太い株元を野菜として利用する。種子はパン、クッキー、リキュールなどの香味づけに使う。

栽培のポイント：日当たり、排水のよい場所を好む。種は直まきする。収穫後、株元で刈り込むと翌春に新芽が出る。交雑を避けるため、ディルの近くには植えない。
注意：多量に摂取しない。妊婦は使用しないこと。

栽培データ　日当たり：☀　耐寒性：あり
草丈：1.5～2m　広がり：50cm～

1	2	3	4	5	6	7	8	9	10	11	12
	種まき・植え付け					種まき・植え付け					
			開花								
		葉の収穫（8月は種も収穫）									

ネトル（スティンギングネトル）
Urica dioica

イラクサ科　多年草　雌雄異株
原産地：ヨーロッパ～アジア
別名／和名：スティンギングネトル／セイヨウイラクサ
利用部分：葉
利用法：お茶、料理、ヘルスケア

特徴：ネトル（Nettle）は、針という意味の古代英語に由来し、茎からは繊維が採れ、かつては織物に利用されていた。和名をセイヨウイラクサ（西洋刺草）というように、葉には鋸歯があり、刺毛と呼ばれる鋭いトゲに覆われている。この刺毛は乾燥させたり加熱すると取れる。フラボノイド、鉄分、ビタミンC、ミネラルなどを含んでおり、抗アレルギーや貧血、花粉症などによいとされ注目されている。新芽や若い葉はホウレンソウと同じように調理するが、生のままでは食用できない。

栽培のポイント：日当たり、排水性のよい場所を好む。
注意：中毒症状が出ることがあるため、生では食べないこと。鋭いトゲが皮膚に刺さらないように注意する。

栽培データ　日当たり：☀　耐寒性：あり
草丈：1～1.5m　広がり：30cm～

1	2	3	4	5	6	7	8	9	10	11	12
		植え付け									
								開花			
							収穫				
		株分け									

ユズ
Citrus junos

ミカン科　木本
原産地：中国
別名／和名：トウシヒ、ユ／オニタチバナ
利用部分：果実
利用法：料理、ヘルスケア

特徴：中国の長江上流が原産地といわれる。朝鮮半島を経て伝わったとされ、現在では日本各地で生育している。初夏から夏、5弁の白い花が咲くと辺りに芳香が漂う。葉も指でちぎるとさわやかな香りがする。秋に黄色く熟す果実を料理や入浴剤などに利用し、冬至にはユズ湯の習慣がある。緑色の若い果実には鮮烈な芳香があり、果実酒や柚子胡椒などに利用される。血行促進、発汗、健胃、抗菌作用などがある。近年では果皮、果肉、種など、部位による成分の相違や作用の研究分析も進んでいる。別名のトウシヒ（橙子皮）は生薬名。

栽培のポイント：寒さに強い。日当たり、排水、通気性のよい場所を好む。

栽培データ　日当たり：☀　耐寒性：あり
草丈：2m〜　広がり：80cm〜

1	2	3	4	5	6	7	8	9	10	11	12
		植え付け									
				開花							
									収穫		

フレンチタラゴン
Artemisia dracunculus

キク科　多年草
原産地：中央アジア〜シベリア、ヨーロッパ東部
別名／和名：エストラゴン、タラゴン／――
利用部分：葉、茎
利用法：お茶、料理

特徴：タラゴンには、フレンチタラゴンとシベリア原産のロシアンタラゴンの2品種がある。ロシアンタラゴンは草丈が1m以上になり、香りはフレンチタラゴンより劣り、料理の風味づけに用いられることはほとんどない。料理には香りのよいフレンチタラゴンが利用されるが、不稔性のため種はできない。消化促進、食欲増進作用があり、アニスに似た甘い香りは、鶏、魚料理、スープによく合う。フランス料理ではフィーヌゼルブに欠かせない。乾燥すると香りが消えるためフレッシュで使う。冷凍または、ビネガーやオイルにつけて保存できる。

栽培のポイント：排水がよく、暑さに弱いため夏は半日陰で涼しい場所に。秋、腐葉土や堆肥で根元を覆う。

栽培データ　日当たり：☀☀　耐寒性：あり
草丈：30〜80cm　広がり：20〜50cm

1	2	3	4	5	6	7	8	9	10	11	12
		植え付け						植え付け			
				開花							
						収穫					
			挿し木								
		株分け						株分け			

レッドペッパー
Capsicum annuum

ナス科　一年草
原産地：中央アメリカ、南アメリカ
別名／和名：チリペッパー、ホットペッパー／トウガラシ
利用部分：果実、葉
利用法：料理、クラフト、ドライフラワー、園芸

特徴：コロンブスによってヨーロッパにもたらされて広まった。日本では、江戸時代に品種改良が行われ、さまざまな品種が生まれた。刺激的な辛さで、ビタミンCを豊富に含む。食欲増進、消化や血行促進、発汗、強壮、殺菌作用などの薬効がある。仲間には辛みの強いものから、パプリカのように辛くないものまで、色や形はさまざま。辛みと香りは油に溶けるため、オイルにつければペッパーオイルとして保存できる。種を除くと辛みはソフトになる。

栽培のポイント：日当たり、排水がよく、肥えた土地に。
注意：辛みが強いため、一度に多く食すると胃腸に炎症を起こすおそれがある。

栽培データ　日当たり：☀　耐寒性：あり
草丈：30cm〜1m　広がり：30〜80cm

1	2	3	4	5	6	7	8	9	10	11	12
	種まき								
		植え付け						
				開花				
					収穫			

ルバーブ
Rheum rhabarbarum

タデ科　多年草
原産地：シベリア南部
別名／和名：マルバダイオウ／ショクヨウダイオウ
利用部分：葉柄
利用法：料理

特徴：葉柄を食用できるようにヤクヨウダイオウから品種改良されたもの。西欧では19世紀ごろから一般に広まり、日本への導入は明治時代。葉身はシュウ酸を多量に含むため食用しない。葉柄には香りと酸味があり、整腸、利尿作用があるという。ジャム、タルトやパイの中身などに利用する。葉柄の色は品種によって赤みの強いものもある。葉柄の収穫は2年目以降で、3年目から本格的に収穫できる。育ってきた外葉から順次採るとよい。

栽培のポイント：半日陰、弱アルカリ性の土壌を好む。大きく広がるために株間は十分とる。
注意：妊娠中の人、腎臓、尿路結石、関節炎などの持病のある人は使用しない。葉身(葉)は使用しないこと。

栽培データ　日当たり：☀☀　耐寒性：あり
草丈：80cm〜2m　広がり：50〜80cm

1	2	3	4	5	6	7	8	9	10	11	12
			植え付け					
				開花				
					収穫			
		株分け						

II ハーブを使ってかんたんクッキング
● フレンチタラゴン／ユズ／ルバーブ／レッドペッパー

ローリエ
Laurus nobilis

クスノキ科　木本　雌雄異株
原産地：地中海沿岸
別名／和名：ローレル、ベイ、ベイリーフ／ゲッケイジュ
利用部分：葉
利用法：お茶、料理、ヘルスケア、クラフト

特徴：学名のLaurusはラテン語の賞賛、賛美という言葉に由来し、古代ローマ時代には幸運を呼び、魔よけになるとされていた。葉のさわやかな香りは、ドライにするほうが強くなる。加熱しても香りが変わらないため、スープや煮込み料理の香味づけに欠かせない。長時間加熱すると、苦みが出ることがあるため注意する。ピクルスやカレー、お菓子作りにも使う。防腐、防虫作用もあり、米や粉の保存容器に3～4枚入れておくと虫がつきにくくなる。生葉を飲食に使用すると、苦みが出る品種もある。

栽培のポイント：日当たり、排水がよく、暖かい場所に。若木のうちは収穫を控えるとよい。

栽培データ　**日当たり**：☀　**耐寒性**：半耐寒
草丈：1～10m　**広がり**：50cm～

	1	2	3	4	5	6	7	8	9	10	11	12
植え付け			植え付け				植え付け					
開花				開花								
収穫					収穫							
挿し木					挿し木			挿し木				

レモンタイム
Thymus × citriodorus

シソ科　木本
原産地：地中海沿岸
別名／和名：――／――
利用部分：葉、花、茎
利用法：お茶、料理、クラフト、切り花、園芸

特徴：コモンタイムと同じ仲間だが、こちらは小さな葉に触れるとレモンのような香りがする。コモンタイムよりさわやかで繊細な香りが特徴。サラダのドレッシング、ヨーグルトやフルーツソースにフレッシュのまま加えると香りが引き立つ。鶏肉、魚料理にも合う。真冬以外は伸びた枝をいつでも使える。コンテナに香りのない草花と寄せ植えすると、香りも楽しめ、その縁から枝垂れて伸びる風情も楽しめる。

栽培のポイント：日当たり、排水性のよい場所を好む。高温多湿に弱いため、梅雨前には枝を間引いて風通しをよくする。
注意：妊娠中は飲食を避けること。

栽培データ　**日当たり**：☀　**耐寒性**：あり
草丈：10～20cm　**広がり**：10～40cm

	1	2	3	4	5	6	7	8	9	10	11	12
植え付け			植え付け					植え付け				
開花				開花								
収穫					収穫							
挿し木				挿し木					挿し木			
株分け				株分け					株分け			

ワサビ
Wasabia japonica (Eutrema japonica)

アブラナ科　多年草
原産地：日本
別名／和名：ジャパニーズホースラディッシュ／ワサビ
利用部分：根茎、葉、花
利用法：料理

特徴：日本に自生して寿司、刺身には不可欠であり、日本特産の香辛料として世界的にも認められている。利用の歴史は古く、奈良時代までさかのぼる。殺菌、抗菌、抗カビ作用などがある。辛み成分は揮発性で、根茎をすりおろしてしばらくすると辛みは消えるが、作用は持続するため、今日では食品の品質保持剤としても利用されている。辛みは根茎の先端には少なく、上部（葉のつくほう）から静かにすりおろすと、風味、辛みが強く出る。若葉やつぼみ、花も調理して食用にできる。

栽培のポイント：夏、涼しい場所を好む。アブラムシなどがつきやすいため注意する。

栽培データ　日当たり：☀　耐寒性：あり
草丈：20〜30cm　広がり：20〜30cm

	1	2	3	4	5	6	7	8	9	10	11	12
植え付け			■	■								
開花				■	■								
収穫	■	■	■				■	■	■			
株分け			■						■			

ロケット（ルッコラ）
Eruca vesicaria subsp. sativa

アブラナ科　一年草
原産地：地中海沿岸
別名／和名：ルッコラ／キバナスズシロ
利用部分：葉、花、種子
利用法：料理

特徴：古代ギリシャ、ローマ時代にはサラダ用ハーブとして栽培され、エルーカと呼ばれていた。消化促進、健胃、強壮作用がある。ゴマに似た風味があり、生長するにつれてピリッとした辛みが強くなる。強い日光を浴びて育つと苦みも生じる。フレッシュな葉をサラダやピザ、パスタに加えると独特の風味を楽しめる。また、ゴマに似た香りを生かして和風料理や寿司にも使える。花にもゴマの香りがほのかにするため食用花としても楽しめる。種子はマスタードの代用になるという。

栽培のポイント：日当たり、排水の良好な場所を好む。花茎が伸びたら株元近くで切り、若い芽を出させる。アブラムシがつきやすいため注意する。

栽培データ　日当たり：☀　耐寒性：半耐寒
草丈：30cm〜1m　広がり：30〜40cm

	1	2	3	4	5	6	7	8	9	10	11	12
植え付け				■	■					■	■	
開花				■	■							
収穫					■	■	■			■	■	

II ハーブを使ってかんたんクッキング　● レモンタイム／ローリエ／ロケット（ルッコラ）／ワサビ

ちょっとまじめなハーブの話 1

いにしえの時代に始まるハーブのルーツ

ハーブ〈HERB〉の語源はヘルバ〈HERBA〉、「草」という意味のラテン語です。

かつて、食用の肉や魚を包むために近くの草の葉を利用してみたら、おいしくなって臭みも少なく、保存性もよくなった、あるいは傷を負ったとき、手近な草の葉を当てたら早く治った、というような偶然の出来事から、草の持つ抗菌、防腐、防臭、香りづけなどの特性に注目し、暮らしにハーブを役立て始めたと考えられます。

今から1万年くらい前、私たちの祖先はすでに植物を栽培していました。約400年前のエジプトではハーブガーデンが作られていたといい、古墳の壁画にもハーブの絵を見ることができます。

古代ローマの人々は、バラやカーネーション、ユリなどの香りのよい草花や、没薬、シナモン、サフランなどの香料で、香りのある暮らしを楽しんでいました。

また、中世ヨーロッパの修道院では薬草園を作り、薬用となる植物を栽培していました。一般でも、薬用以外にも日常的にハーブを用い始め、イギリス・エリザベス朝のマナーハウスでは、スティルルームと呼ばれる部屋で、庭から収穫したハーブでポプリやタッジーマッジー、ポマンダー、サシェなど、さまざまな香りグッズを作り、快適な暮らしに役立てていました。

今日、ハーブとは多くは香りがあり、暮らしに役立つ植物の総称です。大多数は地中海沿岸の原産で、おもに花、葉、茎などを利用します。一方、スパイスは亜熱帯や熱帯、温帯原産が多く、樹皮、根、種子、果実、花蕾などを乾燥させて使います。フレッシュで用いることもありますが、厳密にスパイスとされることもありますが、厳密に分けられてはいません。

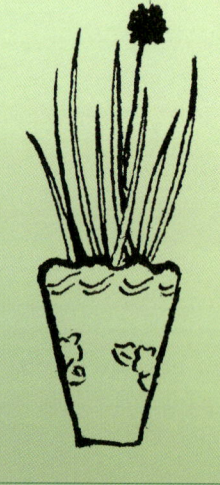

実用できるからハーブは楽しい

多くのハーブは香りがある草ですが、香りのないものや木のものもあります。また、暮らしに役立つという観点から見ると、菌類や海藻類、シダ類から、キュウリやカボチャのような野菜までもがハーブと呼べるのです。

本書では、数多いハーブの中から自分で育てて、利用できるハーブを選び、利用する目的別に分けて紹介しています。目的別といってもハーブの利用方法は一つとは限りません。さまざまに活用しましょう。

さて、最近ではハーブ苗は身近な園芸店に並んでいます。一鉢のハーブがあなたの家族になったとき、あなたの暮らしは一変することでしょう。葉に触れれば漂う香りでリフレッシュし、可愛らしい花を愛でて和み、料理に添えればおしゃれな一皿となります。ティータイムにも素敵な時間を届けてくれるでしょう。

毎日様子を見て、水やりして、その時々に心をこめた世話をすれば、初心者でも大丈夫。気がつけばハーブと一緒に元気にな

って、ガーデニング上手なハーブ愛好家になっているはずです。

また、それぞれのハーブには歴史的なエピソードがさまざまにあり、文学の中にもしばしば登場しています。そんな文化を調べたりできるのもハーブならでは。限りなく広がるハーブの魅力、あなたなりの楽しみ方を本書から見つけてください。

そして、ハーブの持つすがすがしい緑の香りを暮らしに取り入れ、本書を心健やかに豊かに生活するヒントにしましょう。

ハーブにはさまざまな薬効がありますが、治療や薬効を目的とする場合や、妊娠中の利用は医師に相談してください。

コンテナに寄せ植えして、実用的なハーブガーデン作り

夕食の支度のために必要なハーブを集めて庭をひとまわり。ちゃんとそろえたつもりでも、1つ忘れていたりして……。そんな経験はありませんか？

よく使うハーブを目的別にコンテナに寄せ植えすると一度にそろえられて便利です。たとえば、ハーブティー用と料理用とに分けたり、料理用ならイタリアンのコンテナ、エスニックのコンテナなど、それぞれの家庭の料理に合った、オリジナルのクッキングハーブコンテナを細かく仕立てることもできます。そんなコンテナはキッチンの近くに置くと便利です。

クラフト用のコンテナは、咲く花の色ごとに仕立てると、ポプリやタッジーマッジーなど、クラフトを作るときに役立ちます。

さて、コンテナで育てる場合、植え込んだハーブにぴったりの栽培場所がなかったとしても、移動が可能ですから、季節に応じて少しでも条件のよい所に置くことができます。土もハーブ向きの用土を作って植え込む）ことができます。

また、庭やベランダにお気に入りの空間を作るとき、大きなコンテナに小さなコンテナを重ねれば、立体的なフォーカルポイントになります。

でも少しだけ気を遣ってください。コンテナは限られたスペースですから、根にかかるストレスは地植えよりも大きくなります。できるだけ根を伸ばせるよう、根詰まりを起こす前にひとまわり大きな鉢に植え替えるなど、心配りをしてあげましょう。

水やりは、土の乾き具合とハーブの様子を見ながら、「乾いたらたっぷり」。

自分なりの利用目的を持って寄せ植えすれば、それらの生長にワクワク！ コンテナハーブは、ベランダでも庭でも実用とデザインの両方で、私たちの暮らしに潤いを与えてくれることでしょう。

III
To health with the HERB

自然の香りと効果で、暮らしに役立つハーブ

生活空間に清涼感をもたらしてくれるさわやかな芳香。
ハーブならではの自然な香りと天然の効果は、
心身ともにすっきりとリフレッシュさせてくれるでしょう。

タイム

自然の香りがうれしいハーブ石けん。

ハーブの栽培から始める、エコロジカルでナチュラルな暮らし。

ハーブが持っている優れた天然成分を利用して、
ヘルスケア剤や入浴剤、エコロジーな住まいの洗浄剤を手作りすることができます。
自分の庭で大切に育てたハーブで作れば、第一に安全！
香りもとってもナチュラルです。
アレルギーが心配な場合は、使いたいハーブの浸出液を作り、
腕の内側のやわらかい部分に少しつけてから、12～24時間待ってみましょう。
赤みが出るなどの異常が現れれば使用を中止してください。
血圧が高めなど、持病のある人は、医師に相談してから利用しましょう。

ハーブの香りで生活をさわやかに

お気に入りの香りのハーブで手作りするヘルスケア剤や入浴剤で、心身ともにさわやかに!

HEALTH CARE HERB CONTAINER
おもに殺菌・抗菌作用などのあるハーブを寄せ植え。収穫したらハーバルバス、石けん、お茶などを手作りして、日々の暮らしに役立てよう。

ヘルスケアに使うハーブを寄せ植えしたコンテナ
- レモンユーカリ
- マヌカ
- セントジョーンズワート
- ローズマリー
- コモンセージ

ハーブの香りは心地よい

ハーブの香りは、落ち込んだときや嫌なことがあったときも、心と体をはげましてくれます。手洗いや歯みがきの際のちょっとしたハーブの香りが、心に清涼感を呼び込みます。

化学物質から作られた市販品の芳香ではなく、手作りハーブで自然の本当の香りを楽しみましょう。

ハーバルバスでリラックスタイム

お風呂でもハーブは大活躍します。日本人はお風呂好き、一日の疲れはお風呂に入って癒したいものです。ハーバルバスなら体が温まり、湯冷めしにくくなって、心身ともにリラックスできます。38〜40℃くらいの少しぬるめのお湯でゆっくり半身浴すると、体にかかる負担が少なく、ハーブの香りとエキスが心と体にゆったりと働きかけてくれます。

ラベンダー、カモマイルは体を温めてリラックスしたいときに、体が疲れている場合はローズマリーやタイム、リフレッシュしたいときはミントやレモングラスがおすすめです。そのときの気分と体調でハーブを選んでみましょう。

ミルクや細かくしたオートミールをバスポプリに加えると、お湯の色が乳白色になり、肌もしっとり、すべすべになります。また、バスソルトに使う天然塩はミネラルを豊富に含んでいます。

日本のハーバルバス

ところで、日本にも昔からハーバルバスがありました。干したみかんの皮や大根の葉、桃の葉などが入浴剤として利用されてきました。端午の節句のしょうぶ湯や冬至のゆず湯も和のハーバルバスです。

74

III 自然の香りと効果で、暮らしに役立つハーブ
● ハーブの香りで生活をさわやかに

HEALTH CARE HERB CONTAINER

次々に咲く花の美しさが楽しみなエキナケアを中心に、セントジョーンズワートなどヘルスケアに役立つハーブを寄せ植え。実用的でありながら生長の変化も楽しめる。

ヘルスケアに使うハーブを寄せ植えしたコンテナ
- エキナケア
- クリーピングタイム
- セントジョーンズワート
- 斑入りベロニカミフィーブルート

浸出液でハーバルケア

ちょっと頑張り過ぎかな？ と思うとき、ハーブの成分を利用して作る浸出液で、リラックスバスタイムはいかがでしょう。香りが心地よく、体を健やかにしてくれます。
ハーブに熱湯を注いで液を作っているときも、とてもいい香りがして気持ちがほぐれてくるのが分かります。浸出液はフットバスやハンドバス、部分浴としても使えます。

浸出液の作り方

● **材料**
ドライハーブ大さじ5、熱湯1ℓを用意します。**肉体疲労にはローズマリー、リラックスしたいときにはカモマイル、ラベンダー、リンデン**など、体調や気分でハーブを選びましょう。

● **作り方**
① ホウロウまたはステンレスの鍋かボウルにハーブを入れ、熱湯を注ぎ、フタをして15〜20分蒸らします。
② ストレーナーかガーゼでこして、でき上がり。

注意：フットバスやハンドバスで使うときは、水やお湯で適宜薄めること。

ハーブの常識
浸出液は飲まないこと！
浸出液は、ハーブの成分が濃く抽出されたものです。ハーブティーとは違うため、間違えて口に入れないこと！

ヘルスケアレシピ

しっとりした香りでリラックス
フェイシャルスチーム

ジャーマンカモマイル

浸出液のスチームを肌に当ててセルフケア。呼吸によって蒸気を吸い込み、香りをかいでリラックスしよう。美肌効果も期待できる。1回3〜5分程度を目安にする。

材料 浸出液（P75参照）ボウルに半分程度
道具 ボウル　バスタオル

使い方
❶ 熱々の浸出液（ハーブが入ったままでOK）をボウルに移す。
❷ ボウルの上に顔をかざし、バスタオルを頭からすっぽり覆うようにかぶり、目は閉じる。

※顔を近づけすぎないこと。

ひじ、かかとがスベスベに！
ハーブパック

ローズマリー

ひじやひざ、かかとのケアにおすすめ！　しっとりスベスベになり、香りも楽しめるホームエステ。

材料　ドライハーブ：ローズ大さじ2　カモマイル大さじ1　ローズマリー、ラベンダー、カレンデュラ各小さじ2
1回分のパックに使う材料　ヨーグルト大さじ1　はちみつ小さじ1
道具　乳鉢か、すり鉢　保存袋や密閉容器

作り方
❶ 乳鉢などを使ってハーブを粉状にする。ハーブによって砕ける時間が違うため1種類ずつ作業する。
❷ ①のハーブを混ぜ合わせる。
❸ ②のハーブ小さじ2杯を小さな器に取り、ヨーグルト、はちみつを加えてよく混ぜ合わせる。
❹ ③で残った粉状ハーブは、保存袋や密閉容器に入れて冷暗所で保存。粉にしたハーブは香りが飛びやすく、変質しやすくなるため早めに使いきること。

使い方
ケアする部分に塗り、3分程度おいて洗い流す。

III 自然の香りと効果で、暮らしに役立つハーブ ● フェイシャルスチーム／ハーブパック／ハーブ石けん

作るのが楽しい！
ハーブ石けん

コモンラベンダー

ハーブを練り込んだ手作り石けんは、使うたびに好みの香りが漂って気持ちいい！ 洗面台やトイレなど、使う場所によって形やサイズをアレンジするのも楽しい。使うハーブはラベンダーのほかに、ローズマリーやカモマイル、タイムやセージ、ミントなどでもOK。

材料 無色無臭のクラフト用石けん100g　ドライラベンダー大さじ1　浸出液50〜60cc　はちみつ小さじ1　好みでラベンダーのエッセンシャルオイル3〜5滴　オリーブオイル適量
道具 乳鉢か、すり鉢　ビニール袋　めん棒　型用にビンのふたやハート形の器など　ラップ　クッキングシート　脱脂綿

作り方
❶乳鉢でラベンダーを粉状にする。
❷ビニール袋に石けんを入れ、粉状になるまで袋の上からめん棒でつぶす。
❸②に浸出液を少しずつ加え、はちみつを加える。
❹耳たぶくらいの固さになるまでもむ。
❺④に①を加え、全体が混ざるようによくもむ。
❻好みでエッセンシャルオイルを加え、さらによくもむ。
❼型にラップを敷き、空気を抜きながら⑥を詰める。
❽クッキングシートの上に、型から外した石けんを並べる。
❾石けんの表面に脱脂綿などに含ませたオリーブオイルを塗る。風通しのよい日陰で完全に乾かし、固くなったらでき上がり。

さっぱり感がクセになる
ハーブ歯みがき粉

コモンセージ

手軽にできて、育てたハーブを使える楽しみがある手作り歯みがき粉。コモンセージには殺菌作用があり、さらにペパーミントを加えるとさわやかさもプラス！

材料 ドライコモンセージ大さじ2　ドライペパーミント大さじ½　天然塩、水各大さじ2
道具 乳鉢か、すり鉢　フライパン

作り方
❶ハーブは手でもんで細かくし、乳鉢で粉状にする。
❷塩と水をフライパンに入れて弱火にかけ、混ぜながらサラサラになるまで水けをとばす。
❸火を止め、粗熱がとれたら①のハーブとともに、すり混ぜてできあがり。
注意：妊婦、持病のある人の使用は医師に相談すること。

ハーブティーを濃くいれて作る
ハーブうがい液

ペパーミント

ハーブティーを少し濃いめにいれて作るうがい液。のどに違和感を感じたとき、スッキリさわやかになっておすすめ！　炎症を抑えるコモンタイムや、ペパーミントは殺菌作用があり、コモンマロウは粘膜を保護する働きがある。作ったらその日のうちに使いきる。

材料 ドライハーブを2種類：コモンタイム＋ペパーミントか、コモンマロウ＋ペパーミント

🌿 ハーブの小径

ローズマリーというハーブ

　古代の儀式において重要な位置をしめていたハーブで、「芳香の王者」と称されることもあったといいます。追憶という花言葉を持ち、「海のバラ（ローズ・マリーヌ）」「冠の草（エルブ・オー・クーローヌ）」などと呼ばれたこともありました。
　新郎新婦の冠を飾り、また棺を飾り、愛と死を象徴するハーブでした。

III 自然の香りと効果で、暮らしに役立つハーブ

● ハーブ歯みがき粉／ハーブうがい液／ハーバルバス／バスソルト／バスポプリ

優雅なバスタイム
バスポプリ

作り方と使い方
気分や体調、好みによってポプリのように調合する。ハーブに、コモンラベンダーやローズ、ジャーマンカモマイルやローマンカモマイルなどの花を加えて作ると目にも楽しい美しいポプリになる。ドライ、フレッシュどちらでもOK。薄手の布袋やだしパックに入れ、浴槽に入れる。シルクオーガンジーの小袋を手作りし、ポプリを入れれば中のハーブや花が透けて見えて美しい。

体がよく温まる
バスソルト

作り方と使い方
香りのよいフレッシュハーブのみじん切りに、天然塩をミックスして作る。天然塩はミネラルを多く含み、体が温まり、発汗を促して老廃物を排出する効果もある。1回分は、粗く刻んだフレッシュハーブをカップ1〜2、天然塩は大さじ2程度。薄手の布袋やだしパックに入れ、浴槽に入れる。数回分を作りおきする場合は、ドライハーブを用いること。

すがすがしく香る
ハーバルバス

作り方と使い方
入浴剤として楽しむハーバルバスのハーブの分量は、フレッシュの場合、粗く刻んだものをカップ1〜2、ドライならカップ$\frac{1}{2}$〜1を目安に。薄手の布袋やだしパックなどに入れ、浴槽に浮かべて使う。

入浴剤に利用できるハーブ
コモンラベンダー、ローズ、ローズマリー、ジャーマンカモマイル、ローマンカモマイル、コモンセージ、レモングラス、レモンバービーナ、スペアミント、ペパーミント、コモンタイム、ローリエ、コモンマロウ、フェンネルなど

コモンラベンダー 　ローズ 　ローズマリー

ハーブの常識
ハーブづくしで香りのバスタイム
ハーブで手作りした入浴剤などでナチュラルな香りのバスタイムを楽しみましょう。ボトルはローズマリーのハーブリンス（P80参照）、小袋はローズのバスポプリ。ハーブ石けんの作り方はP77に。

髪につやを与え、サラサラにしてくれるナチュラルなリンス。天然の材料と食品で作る安全で安心なヘアケア剤、一度お試しを！

ローズマリーの香りがさわやか
ハーブリンス

ローズマリー

材料 長さ10〜15cmのローズマリーの枝3本　醸造酢100cc
道具 ビンなどの密閉容器　洗面器

作り方
ビンに酢を注ぎ、ローズマリーをつける。ローズマリーの枝は、葉付きがまばらなものなら4本に増やす。2週間ほどつけ、香りが酢に移ったことを確認したら、枝を取り出す。香りが足りない場合は、新たな枝を足してつけ直してもOK。

使い方
ハーブリンス大さじ2を洗面器に入れ、お湯で7〜8倍に薄めて使う。まんべんなく髪に行き渡らせて軽くマッサージする。すすぎは軽く流す程度で。

アドバイス
ローズマリーやコモンセージのリンスは黒髪をつややかにし、カモマイルのリンスは髪の色を明るめにする。

ハーブの香りで部屋がスッキリさわやかになる芳香剤。ウォッカは、なるべくアルコール度数の高いものを使用すると、ハーブの成分を抽出しやすい。

すがすがしく香る
ルームスプレー

コモンラベンダー

材料 ドライハーブ：コモンラベンダー、ローズマリー、ローズ各大さじ2　クローブ、コモンタイム、ユーカリ各小さじ1　ウォッカ200cc
道具 ビンなどの密閉容器　茶こし　スプレー容器

作り方
ビンにすべてのハーブを入れ、ウォッカを注ぐ。1ヵ月ほどしてハーブの香りがウォッカに移ったことを確認したらこし、ハーブを取り除いて液をビンに戻して保存。

使い方
5倍以上に水で薄めた液をスプレー容器に入れて使う。

アドバイス
水で薄めて使うため、スプレーした液は霧状になって落ちる。このため、霧がかかって困る場所にはスプレーしないこと。床に落ちた水けは拭き取りながら、ついでに雑巾がけをしてしまおう！

ヘルスケアのハーブ図鑑

III 自然の香りと効果で、暮らしに役立つハーブ ● ハーブリンス／ルームスプレー／アロエベラ／エキナケア

エキナケア
Echinacea purpurea

キク科　多年草
原産地：北アメリカ東部
別名／和名：エキナセア、パープルコーンフラワー／ムラサキバレンギク
利用部分：根、根茎、葉、茎、花
利用法：お茶、ヘルスケア、クラフト、切り花、園芸

特徴：観賞用としても楽しめるピンクがかった紫色の花をつける。傷の治療や伝染病、風邪、せき止めなどの家庭薬として、アメリカ先住民は昔から利用してきた。エキナケアは、Echinacea purpurea以外にもE.angustifoliaやE.pallidaなど、自生地には9種類ほどが生育しているという。今日では高い薬効が注目されて研究が進み、抗菌作用、免疫機能の向上、白血球を作る働きを促して感染症を抑える効果などが知られ、天然の抗生物質として、ハーブティーやサプリメントなどが市販されている。

栽培のポイント：日当たり、排水のよい場所を好む。

栽培データ　**日当たり**：☀　**耐寒性**：あり
草丈：60cm〜1m　**広がり**：30〜40cm

1	2	3	4	5	6	7	8	9	10	11	12
		植え付け				植え付け					
				開花							
					収穫						
		株分け				株分け					

アロエベラ
Aloe vera(A.barbadensis)

ユリ科　多年草
原産地：南アフリカ
別名／和名：バルバドスアロエ／ロエ、ロカイ
利用部分：葉
利用法：料理、ヘルスケア、園芸

特徴：薬用や観賞用として栽培されるアロエは300種程度あるとされ、薬用する品種はおもにアロエベラ、キダチアロエ、ケープアロエ、ソコトラアロエなど。アロエベラは、古代ギリシャ時代から利用されていたという。ビタミンやミネラルが豊富で、抗炎症作用などがあり、化粧品にも使われる。葉の内側の透明なゼリー状の部分には虫さされ、日焼けや軽度のやけどなどによる炎症を抑える働きもある。苦みがない系統は、少量に限りサラダにしたり、ヨーグルトに混ぜたりして食用できる。

栽培のポイント：多肉植物と同じ用土で。過湿に注意。
注意：強い作用があるため、内服は要注意。妊娠中、生理中、痔疾の場合は用いないこと。

栽培データ　**日当たり**：☀　**耐寒性**：なし
草丈：30〜90cm　**広がり**：30cm〜

1	2	3	4	5	6	7	8	9	10	11	12
			植え付け								
					開花						
					収穫						
					挿し木						
					株分け						

コモンタイム
Thymus vulgaris

シソ科　木本
原産地：地中海沿岸
別名／和名：ガーデンタイム／タチジャコウソウ
利用部分：葉、花
利用法：お茶、料理、ヘルスケア、クラフト、染色、園芸

特徴：タイムは昔から薬用、料理用とされていたが、古代ギリシャ人にとっては勇気の象徴であり、古代ローマ人には憂鬱を解消する薬であった。住宅の床にタイムとローズをまき、香らせていたという。その香りはハチが好み、蜜源植物となる。タイムには抗菌、抗真菌、防腐作用などがあるとされ、呼吸器、消化器系などによい働きをする。また、料理用ハーブとしても用途は広い。

栽培のポイント：日当たり、排水のよい、乾燥気味の場所を好む。高温多湿に弱いため、梅雨時や夏場の水やりに注意し、枝を間引いて風通しをよくする。

栽培データ　日当たり：☀　耐寒性：あり
草丈：20〜30cm　広がり：20〜30cm

1	2	3	4	5	6	7	8	9	10	11	12
	植え付け					植え付け					
			開花								
		収穫									
			挿し木			挿し木					
			株分け			株分け					

コモンセージ
Salvia officinalis

シソ科　木本
原産地：地中海沿岸、北アフリカ
別名／和名：ガーデンセージ／ヤクヨウサルビア
利用部分：花、葉
利用法：お茶、料理、ヘルスケア、クラフト、切り花、園芸

特徴：学名に「Salvia＝救う」という言葉がついているように、古代ギリシャ、ローマ時代から人々の健康と密接に関わってきたハーブ。古いアラビアのことわざには、「庭にセージがあれば死なない」とあり、防腐、殺菌、抗菌作用などの薬効があるとされる。また、薬用だけでなく料理用としても優れ、肉、魚料理では臭みを消して風味を引き立てる。野菜や乳製品とも合うため、さまざまな料理に利用できる。

栽培のポイント：日当たり、排水、風通しのよい場所に。梅雨時は蒸れないように枝を間引いて風通しをよくする。花芽は前年の枝につく。

栽培データ　日当たり：☀　耐寒性：あり
草丈：30〜60cm　広がり：30〜50cm

1	2	3	4	5	6	7	8	9	10	11	12
	植え付け						植え付け				
			開花								
		収穫									
			挿し木								

III 自然の香りと効果で、暮らしに役立つハーブ
● コモンセージ／コモンタイム／コモンラベンダー／ターメリック

ターメリック
Curcuma longa

ショウガ科　多年草
原産地：熱帯アジア
別名／和名：クルクマ、アキウコン／ウコン
利用部分：根茎
利用法：料理、ヘルスケア、染色、園芸

特徴：カレー粉の主原料の1つであり、黄色のもととなる。油と馴染みやすく、インド、東南アジア料理では着色に使用される。日本ではたくあん漬けの着色料に利用する。鮮明な黄色に染まるため染料としても用いる。夏から秋に開花することからアキウコンとも呼ばれる。クルクマという呼び名は、サフランを意味するサンスクリット語に由来し、風味と色がサフランに似ているため、胃、肝臓、胆のうなどによいとされ、近年は肝機能を改善すると注目を集め、サプリメントやお茶などに加工されている。近縁種で春に開花のハルウコンも薬用となる。

栽培のポイント：繁殖は根茎を切り分け、切り口に木灰をつける。株間は30〜40cmにする。半日陰でも育つ。

栽培データ　**日当たり**：☀☀　**耐寒性**：なし
草丈：50〜80cm　**広がり**：30cm〜

1	2	3	4	5	6	7	8	9	10	11	12
		植え付け									
				開花							
								収穫			
			株分け								

コモンラベンダー
Lavandula angustifolia

シソ科　木本
原産地：地中海沿岸、北アフリカ
別名／和名：イングリッシュラベンダー、ラベンダー／ヒロハラワンデル
利用部分：花、葉、茎
利用法：お茶、料理、ヘルスケア、クラフト、染色、切り花、園芸

特徴：ラベンダーは紀元前4世紀ごろの書物に登場して以来、現代に至るまで日常の暮らしと深く結びついている。30種以上の原種があり、栽培品種は非常に多い。花の形や特性でいくつかのグループに分けられるが、香りが最もよいのはこの種である。ラベンダーの香りを感じると、精神の落ち着きが得られ、薬効としては殺菌、抗菌、鎮静作用など、多くの働きがあることが知られる。

栽培のポイント：日当たり、排水のよい場所を好む。高温多湿に弱いため、枝を間引いて風通しをよくする。地植えは、盛り土にして排水をよくする。

栽培データ　**日当たり**：☀　**耐寒性**：あり
草丈：30〜60cm　**広がり**：40〜80cm

1	2	3	4	5	6	7	8	9	10	11	12
			植え付け					植え付け			
				開花							
				収穫							
					挿し木			挿し木			

ユーカリ
Eucalyptus globulus

フトモモ科　木本
原産地：オーストラリア
別名／和名：ガムツリー／ユーカリノキ
利用部分：葉、樹皮
利用法：ヘルスケア、クラフト、園芸

特徴：オーストラリアの先住民、アボリジニの人々は、昔から薬草として利用してきたという。ブルーグレーの葉には、ツンとしたミントに似た芳香があり、幼木、成木と生長するにつれて葉の形、質感が変化する。葉から採取される精油には消炎、殺菌作用があるとされる。品種は500種以上もあるが、一般的なのはガムツリーと呼ばれるE.globulusである。また、レモンユーカリは香料になり、ポプリにするとレモンの香りを放つ。

栽培のポイント：生長が早いため地植えは場所を選ぶこと。移植は幼苗時にする。鉢植えは冬期、室内に入れる。
注意：妊娠、授乳中、高血圧、てんかんなどの持病がある人は使用を避ける。

栽培データ　日当たり：☀　耐寒性：半耐寒
草丈：10m〜　広がり：2m〜

1	2	3	4	5	6	7	8	9	10	11	12
	植え付け										
			開花								
				収穫							

ティーツリー
Melaleuca alternifolia

フトモモ科　木本
原産地：オーストラリア
別名／和名：メディカルティーツリー、ティートリー／──
利用部分：茎葉
利用法：ヘルスケア(精油)、クラフト、園芸

特徴：ユーカリとともに、近年注目されているオーストラリア原産のハーブの1つ。この葉は、古くからオーストラリアの先住民によって、感染症の原因になった創傷の治療薬として使用された。水蒸気蒸留で精製される精油はすっきりした香りで、抗真菌、抗細菌、抗感染作用などがあり、アロマテラピーでは主要な精油の1つとなっている。開花まで時間がかかるが、アイボリー色の美しい花が咲き、メラルーカと呼ばれて観賞用としての利用度も高い。品種名にティーとついているものの、ハーブティーとしては利用できない。葉に芳香のある別属のマヌカ、レモンティーツリーはハーブティーとして利用可能。

栽培のポイント：生育旺盛になる梅雨前に追肥する。

栽培データ　日当たり：☀　耐寒性：半耐寒
草丈：2m〜　広がり：3m〜

1	2	3	4	5	6	7	8	9	10	11	12
	植え付け										
			開花(3年目〜)								
				収穫(3年目〜)							
			挿し木								

III 自然の香りと効果で、暮らしに役立つハーブ ● ティーツリー／ユーカリ／ローズ／ローズマリー

ローズマリー
Rosmarinus officinalis

シソ科　木本
原産地：地中海沿岸
別名／和名：──／マンネンロウ
利用部分：葉、枝、花
利用法：お茶、料理、ヘルスケア、クラフト、園芸

特徴：すがすがしい森林のような香りとともに、真冬でも緑の葉を茂らせていることからキリスト教とも関係が深く、クリスマスの飾りとしてリースなどに利用される。その青い花色は、聖母マリアが旅の途中に幼子イエスのケープをローズマリーの枝に干したため、白から変化したといわれる。ヨーロッパでは「お守りのハーブ」「若返りのハーブ」とされ、殺菌、強壮、収れん、血行促進などの作用が認められ、また脳細胞を活性化する働きもあるという。料理用としても肉、魚、野菜料理など、使い道の広いハーブである。

栽培のポイント：日当たりがよく、乾燥気味を好む。

栽培データ　**日当たり**：☀　**耐寒性**：半耐寒
草丈：50cm～1.5m　**広がり**：50cm～1.5m

1	2	3	4	5	6	7	8	9	10	11	12
		植え付け					植え付け			
		開花						開花			
				収穫							
				挿し木				挿し木			

ローズ
Rosa spp.

バラ科　木本
原産地：ヨーロッパ～アジアの北半球
別名／和名：──／バラ
利用部分：花、実
利用法：お茶、料理、ヘルスケア、クラフト、切り花、園芸

特徴：昔から人々に愛されているローズ。数ある品種の中でもハーブとして利用されるのは、ロサ・ガリカ、ロサ・カニナ、ロサ・ケンティフォーリアなど、オールドローズ系や野生種である。中でもロサ・ガリカは古くから薬用とされ、「アポテカリ・ローズ＝薬種商のバラ」と呼ばれていた。香気あふれる花弁には、健胃、収れん、消炎、強壮作用があるとされ、ローズウォーターは天然の化粧水として知られる。

栽培のポイント：日当たりよく、ある程度風通しのよい場所に。元肥と追肥を十分にする。病害虫予防に配慮し、出現時には駆除を。また嫌地現象に注意する。

栽培データ　**日当たり**：☀　**耐寒性**：あり
草丈／広がり：種、栽培品種により異なる

1	2	3	4	5	6	7	8	9	10	11	12
		植え付け（新苗）				植え付け（大苗）			
植え付け（大苗）			開花								
				収穫						収穫	
				挿し木			挿し木				

IV
Craft goods made from HERB

ハーブを使って
キュートなクラフト作り

ハーブを手にしたとき、弾けるように広がる豊かな香り。
小物を手作りする間じゅう心地よい香りに包まれ、
心穏やかな時間が過ぎていきます。

マートル

ポプリはインテリアのアクセントにもなる。

ハーブの小さな葉や花にふれて
香りの小物を作る、やさしい時間。

クラフト製作の前に知っておいていただきたいのは、
ハーブの香りは揮発性でとてもデリケートだということ。
季節によって異なりますが、午前中の日差しが強くなる前に摘み、
コップなどにさして使う直前まで水あげしておくと、
香りも姿もイキイキとした状態で利用できます。
香りの小物に欠かせないポプリ。
ポプリも手作りしますが、その香りは永久的なものではありません。
サシェ（匂い袋）やハーブピローに使ったら、ポプリの入れっぱなしはNGです。
半年に一度は香りをチェックして新しいものを作り、ポプリを入れ替えましょう。

香りのハーブで魔法のクラフト

古来、ハーブには、魔よけの力があると思われてきました。香りの花束や小物を飾ったり身につけて幸運を呼び込んで!

ハーブで日常を豊かに

ハーブというと、ハーブティーやハーブの料理ばかりが注目されますが、ハーブの小物作りも楽しいものです。

ハーブには殺菌、防臭、抗菌効果があるため、タッジーマッジーやポプリ、ハーブの小物を作って身近に置きましょう。かつては、悪いものから身を守ってくれると信じられていました。また、ペットの首輪にすれば、ペットも健やかにすごせるでしょう。

手紙にラベンダーをしのばせるだけでも、香りが読む人の心を和らげます。ハンガーやシューズキーパーにすると、殺菌効果だけでなく、移り香も楽しめます。ハーブを生活に少し取り入れるだけで、生活や人との関わりも楽しくなるでしょう。

香りの花束を楽しもう

「タッジーマッジー」「ノーズゲイ」。ハーブで作る花束のことをかつてはそう呼んでいました。ラベンダー、ローズマリー、ルーなどのハーブに香りのよい花を取り合わせて、手のひらにのるくらいに小さく作られていたのです。中世のころには殺菌、抗菌効果が高いハーブは、疫病から身を守るお守りとして、とても実用的なものでした。ビクトリア時代には、ローズマリーは「思い出」、タイムは「勇気」、バラは「愛」、ニオイスミレは「貞淑」といった花言葉に思いを託し、花束を贈ったこともあったようです。

庭をひとまわりして、可憐で控えめなハーブの花を集めて、小さな香りの花束を作ってみましょう。プレゼントに添えるなど、何かの折に触れて差し上げたらきっと喜んでもらえます。

可憐な花とすがすがしい香り、育てた人の思いがこもった花束は、どんなゴージャスな花束より素敵だと思いませんか?

CRAFT HERB CONTAINER

このひと鉢で手軽にポプリ作りができるよう、香りのよいハーブばかりを集めた寄せ植え。冬は日当たりのよい室内の窓辺に置いて。

クラフトに使うハーブを寄せ植えしたコンテナ
- アニスヒソップ
- センテッドゼラニウム
- クローブピンク
- サザンウッド
- ラベンダーロゼア

IV ハーブを使ってキュートなクラフト作り ● 香りのハーブで魔法のクラフト

イギリスで盛んだったポプリ

イギリス・スコットランドの古城には、部屋の片隅の古めかしい壺の中にローズポプリが詰まっていたりします。100年以上経っているであろうポプリが、時を経てもまだほのかに香っています。

エリザベス朝のスティルルーム（香りの製品を作るための部屋）ではポプリが盛んに作られていました。衛生状態のよくない時代、ハーブで作られるポプリが部屋の空気を浄化し、かぐわしい香りで満たしてくれたことでしょう。

ビクトリア時代にはポプリの香りが漂い出るよう、ふたにアイズと呼ばれる穴を開け、ハーブや花の絵つけを施した、美しい陶器製の壺（ポプリポット）が盛んに作られていました。

ポプリは香りのインテリア

思い思いのポプリを作りましょう。ポプリはフランス語でpot-pourri＝花香、香壺、メドレー、アンソロジーなどの意味があります。ポプリは、ハーブやスパイス、花、そして乾かすとよい香りがする柑橘類やりんごの皮などを用いて作り、木の実や木の皮などを入れることもあります。

庭の草花とハーブで作るマイガーデンのポプリや、文学にちなんだポプリ、プレゼントされた花束のポプリ、旅の思い出のポプリなど、テーマに合わせてポプリを作ることもできます。また、新緑や紅葉の葉、木の実などを用いると、季節の移ろいをポプリで表現することもできます。

仕立てる器は、ジャムの空きビン、陶器の器、ガラスのボウル、つる編みのかご、紙製のボックス……。ぴったりの容器を見つけるのもとても楽しい作業です。

素材をミックスし、熟成させてできあがったポプリは、市販品にはないふくよかな香りを漂わせます。

その時々のあなたの思いを秘めてポプリは香ります。あなたの暮らしを彩るオリジナルな香りのインテリアとして、お気に入りの空間に飾りましょう。

CRAFT HERB CONTAINER

切り花にしてアレンジメントや香りの花束に。花の色を上手に残してドライフラワーを作れば、クラフトの素材としてカラフルに活躍。

クラフトに使うハーブを寄せ植えしたコンテナ
- サントリーナ
- ワームウッド
- コモンヤロウ
- セダムバートラムアンダーソン

ドライハーブの作り方

ドライハーブはドライフラワーのように乾燥させたハーブで、幅広く使うことができます。

ドライ用ハーブの収穫時期

初夏から秋にかけてですが、ドライ用ハーブの収穫時期の本番です。一般的に、ハーブの香りは開花直前に一番強くなるとされています。晴天続きの午前中、日が昇りきる前に作業します。フレッシュなハーブを利用できない冬季のために、保存用にドライハーブを作っておくと、冬でも日差しをたっぷり浴びたパワーいっぱいのハーブが使えます。

ハーブの種類や収穫する部分によってさまざまですが、**草丈が30㎝くらいになって、枝葉がこんもりと茂ってきたころが目安です**。まだ株が小さいうちに葉を摘むのは控えましょう。

また、伸びすぎている枝葉やわき芽を切るようにすると、草姿がよくなり、ハーブが元気よく育ちます。切りとった枝葉は捨てずに、料理やクラフト、さし木に利用できます。なお、フレッシュ用ハーブは、春から秋にかけてのみずみずしい葉を収穫します。

ドライハーブの乾かし方

乾燥には、日陰の風がよく通る場所が向きます。ハーブの香りのもとは揮発性のため、日の当たる場所は厳禁です。

葉、茎を利用するハーブは茎をつけたまま刈り取ります。風が通るように放射状の束にまとめ、輪ゴムで留めてつり下げて乾燥させます。

花を利用する場合は、咲き始めに収穫します。ドライフラワーにするときは、乾燥すると花が開いてくるため、七〜八分咲きで摘みます。花だけを摘み取った場合は、ざるやお盆などに広げ、茎つきは小さな束にしてつり下げます。

種子は熟すと落下しやすくなるため、やや色づくころに収穫して、種子の部分に紙袋をかぶせて追熟、乾燥させます。

葉、茎、花、種子いずれの場合も、十分に乾燥させることが肝心です。完成の目安は、葉や茎がコーンフレークのようにパリッとするまで。乾燥後は密閉容器にハーブの名前と作成日、使いきる目安を設定した日付を書いたラベルを張っておくとよいでしょう。

ポプリにする花やハーブの乾かし方

ポプリに利用する花は美しさのあるときに摘み、小花は形のまま、大きな花は花びら一枚ずつ、ハーブは葉を一枚ずつ、または小枝に分けて、重ならないようにお盆やざるなどに広げ、日の当たらない風通しのよい室内で、パリッとするまで乾燥させます。乾燥の仕上げとして、オーブンの予熱や白熱灯（15㎝程度に近づける）に短時間当てます。水分が残っていると、虫やカビが発生することがあります。

ハーブでラッピング

ハーブをあしらって、ささやかなプレゼントで真心を伝えます。
さわやかな香りのメッセージを贈りたい気持ちに添えて……。

ハーブのリーフタグ

手作りタグにハーブの葉をのりで張りつけ、裏にはひと言メッセージ。ちょっとしたプレゼントに添えれば小さな思いも伝えられます。ラッピングが苦手なら、包装はお店にお任せしてもOKです。

ハーブの小枝で印象的な演出

ハーブの小枝とリボンでワインボトルをラッピング。写真はリボンにマートルの小枝をさしたクリスマススタイル。ハーブを引き立てるならリボンは控えめにします。オリーブやローズマリーもおすすめ。

ハーブのミニリースでかわいく

タイムやローズマリーなど、ほふく性のある茎や小枝を輪にして、バッグの取っ手に結びつけます。手間がかからず、見た目もキュートでフェミニンな演出！

手作りお菓子を引き立てる
ハーブのリーフシート

箱の底にハーブの葉を敷きつめ、クッキングシートをかぶせ、お菓子を並べます。葉が動きやすい場合はシートに薄くのりづけします。お菓子を取り出すたびにハーブが現れるサプライズ！

ハーブのリーフタグ

ハーブの小枝

ハーブのリーフシート

ハーブのミニリース

タイム

Ⅳ ハーブを使ってキュートなクラフト作り ● ドライハーブの作り方／ハーブでラッピング

91

フレッシュハーブの タッジーマッジー（香りの花束）

タッジーマッジーは、ハーブで作る小さな花束のこと。花言葉に思いを重ねて、親しい人に贈るとよいでしょう。

花束に使っているおもなハーブ
- フェンネル
- カラミント
- バーベイン
- アニスヒソップ
- センテッドゼラニウム
- ラムズイヤー
- 観賞用オレガノ
- タイム
- ワームウッド

花束に使っているおもなハーブ
- オレガノ
- レモンバーム
- コモンラベンダー
- マトリカリア
- パイナップルミント
- ローズマリー
- ミニバラ
- ペパーミント
- センテッドゼラニウム

花束に使っているおもなハーブ
- センテッドゼラニウム
- バーベイン
- マウンテンミント
- オレガノ
- ローズ

タッジーマッジーの作り方

① 素材の花とハーブは長さ20cm程度に切りそろえ、下半分の葉を取り、十分に水あげします。

② ローズなど、香りがよく見栄えがする花を中心に置き、その周囲にハーブや花を束ねていきます。一周するごとにフローラルテープなどで留めると作業が楽で、仕上がった後も崩れにくくなります。

③ 外側を大きく平らな葉（ラムズイヤー、センテッドゼラニウム、レディスマントルやローリエなど）で囲むと、美しく仕上がります。

④ 茎を切りそろえ、水を含ませたペーパータオルやティッシュなどで切り口を包み、その上にアルミホイルを重ね、固くきっちり包みます。さらにリボンを巻きつけると、よりフォーマルになります。

⑤ 仕上げにレースペーパーやレースなどで花束を包み、飾りのリボンを結びます。
※花器に飾って楽しむなら、④で茎を切りそろえたところででき上がりです。

IV ハーブを使ってキュートなクラフト作り

● フレッシュハーブのタッジーマッジー（香りの花束）

花束に使っているおもなハーブ

- ペパーミント
- コモンラベンダー
- サントリーナ
- レモンバーム
- レモンバービーナ
- フイリドワーフマートル
- パイナップルミント
- ラベンダープロバンス

ポプリはハーブクラフトの基本

でき上がったポプリは、お気に入りの器で香りをたのしむのはもちろん、サシェ（匂い袋）や香り玉、ハーブピローなど、クラフト素材として活用できます。

ポプリの材料

● **主材料** 作りたいと思うポプリの、中心になる花、葉、果皮、ハーブ、スパイスを主材料とします。ポプリに使用する花や花びらは、ドライにした後も香りがあり、色や形が美しいものが最適です。たとえばローズ、キンモクセイ、カーネーション、ジャスミン、フジバカマ、ニホンスイセン、ウメなど。いろいろな花をドライにしてみましょう。

● **副材料** 主材料の香りを引き立て、深みを添えるもので、果皮、樹皮、ハーブ、スパイスなどが使われます。

● **保留剤** ミックスした香りを調和させ持続させるものです。ポプリ作りには不可欠で、樹皮や果皮、木片や根、粗塩、黒砂糖などさまざまあります。一般的に、オリスルート（オリスの根を乾燥させたもの）、オレンジやレモンの皮がよく使われています。

● **オイル** ポプリ作りの仕上げに1〜2滴加える場合があります。天然の精油（エッセンシャルオイル）と調香のオイル（天然オイルと合成オイルを混ぜたもの）があります。オイルを加えると香りが強くなりすぎることもあるため、使いすぎに注意。また、**オイルを加えずに作るポプリは、素材の香りが生きます**。

● **調合と熟成** ポプリは主材料、副材料、保留剤、オイルを混ぜ合わせた後、密閉容器に入れて冷暗所に置き、2週間以上熟成させます。ときどき中身を混ぜて香りの変化を確認します。熟成は、ポプリ作りの最終工程として欠かせません。

ポプリ作りに必要なおもな道具

紙箱、お盆、ざるなど、密閉容器、ビニール袋、計量カップ、計量スプーン、小皿、ボウル、乳鉢。

合わせる材料の割合

作るポプリによって配分の違いはありますが、目安として、主材料カップ1と1/2に対して副材料カップ1/2、保留剤大さじ1/2、オイル1〜2滴です。

ポプリの作り方

① 主材料を密閉容器に入れます。

② 副材料をそれぞれ乳鉢で砕いたり、ちぎったり、もんだり、削ったり、割ったりして香りを立たせて①に加え、やさしく混ぜ合わせます。

③ オリスルートなどの保留剤にオイルを染み込ませてから、②に加えてやさしく混ぜ、しっかりとふたをします。

④ ポプリの名前、作成日を書いたラベルを張り、冷暗所で2〜6週間熟成。ときどき混ぜて香りの変化を確認します。

⑤ 熟成が完了したら香りを確認し、必要に応じてスパイス、ハーブ、オイルなどを足して香りをととのえます。

IV ハーブを使ってキュートなクラフト作り

● ポプリはハーブクラフトの基本

ポプリに使っているおもな花やハーブ
- スイセン
- カーネーション
- マートル
- ラムズイヤー
- ローズ
- コモンセージ
- サントリーナ

お気に入りのハーブでハーブ染め

ハーブ染めは、素朴で自然な風合いが魅力です。
花や枝葉からは想像もつかない色が出ることもあります。

染める素材

ハーブが真っ白な布を果たしてどんな色に染め上げるのか、それはドキドキの瞬間です。

ウールやシルク、木綿や麻などの天然繊維のほかに、合成繊維も染めることが可能です。染まりやすいのは、シルクやウールなどの動物性繊維。

初めての染色では、シルクのハンカチなど、染めやすく小さなものからにしましょう。何度か経験して染めの作業に慣れてきたら、大きなものやウールなどにチャレンジしていきましょう。

染色に使えるハーブ

たいていのハーブは染色に使えるため、好みのハーブがどんな発色をするのか楽しめるのが、ハーブ染めの魅力といえるでしょう。ハーブの学名には、染めに適しているか否かを表すものがあり、「tinctorius」や「tinctorium」などと付くのは染色向きであることを示しています。

現れる染め色

ハーブ染めの染め上がりはアースカラー（自然に由来する色）が多く、ナチュラルでやさしい風合いです。また、同じハーブを使っても、育った環境や染め液の濃さ、染める布の素材、温度などの条件によって微妙に変化します。そのときどきの色の出方を楽しむのも手染めの面白さです。

媒染剤について

初心者には、染液のままの色が出て取り扱いも安全なミョウバンがおすすめです。媒染剤にはほかにアルミ、銅、鉄、クロムなどがあり、同じハーブで同じ素材を染めても、使う媒染剤によって染色が変化します。染色を何回かくり返して作業に慣れてきたら、媒染剤を替えることによって変化する発色を楽しめるようになるでしょう。

IV ハーブを使ってキュートなクラフト作り ●お気に入りのハーブでハーブ染め

基本的な染めの方法

〈材料と道具〉

シルクのハンカチ、ハンカチの重さと同量程度のハーブ、媒染剤（ミョウバン：染液1ℓに対して2g）、ホウロウかステンレス製の鍋、水洗い用の容器、媒染剤を溶かす容器、ざる、ゴム手袋、温度計、先が丸い棒か箸、ガーゼかクッキングペーパー。

〈染め方〉

❶染液を作る
粗く刻んだハーブ、水（ハンカチの重さの100倍の量）を鍋に入れ、火にかける。温度が70℃に上がったら弱火にして、70℃をキープしながら30〜50分煮出す。

❷染液をこす
ざるにガーゼかクッキングペーパーを敷き、煮出した染液を熱いうちにこす。

❸下染めする
❷を40℃程度に冷ましたところにハンカチを入れ、再び火にかけ70℃までゆっくり温度を上げる。色むらにならないよう、ときどき静かにかき混ぜながら70℃をキープし、20分ほど煮る。時間が経過したら、ハンカチを引き上げ、染液は40℃に温度を下げて保っておく。

❹水洗い
ぬるま湯を入れた容器に❸のハンカチを入れ、徐々に水を足しながら水温を変えてすすぐ。

❺媒染
少量の熱湯で溶かしたミョウバンをぬるま湯（ハンカチの重さの100倍の量）に入れてよくかき混ぜ、その中にハンカチを入れる。火にはかけず、20分浸し、色むらにならないよう数回混ぜる。

❻水洗い
ハンカチを取り出し、流水で洗う。

❼本染め
❸で40℃にしておいた染液にハンカチを入れ、火にかけて70℃まで上げ、温度をキープしながら好みの染め上がり具合を見計らいつつ煮る（5〜20分程度）。

❽すすぎ
染液から引き上げ、ぬるま湯でよくすすぎ、軽く脱水する。

❾陰干し
直射日光が当たらない、風通しのいい場所で陰干しする。

染める前の精練

中性洗剤少量を溶かした50℃前後の湯に染める前のハンカチを入れて洗い、よくすすいで不純物を落として（精練）から作業すると、きれいに仕上がります。精練済みのシルクのハンカチも販売されていて手軽ですが、それでも下染めの前には一度ぬるま湯に浸すとよいでしょう。

ハーブの常識

アイディアとセンスで生活空間を彩る

洗面台やトイレに用意するハンドタオルに、摘みたてのハーブを挟んでおけば、使うたびに香りが広がり、手に取るのも楽しい！ ローズマリーやタイムは輪にしてもかわいい。

ポプリの材料となるハーブや花を乾燥させた後、手を加え熟成させてでき上がったポプリは、さまざまな利用法がある。お気に入りの器に盛りつけて香りと美しさを楽しもう。ポプリの作り方はP94を参照。

クラフトレシピ

器とのコーディネートが楽しい
ポプリボックス

ローズゼラニウム

飾り方
写真は雑貨店で見つけたふたつきの白い総レース張りの箱を利用し、ふたにリボンを飾り、ポプリが似合う、よりフェミニンなものに手作りしたもの。ふたつきの箱は、香りが不要なときは閉じておけて便利。ポプリの盛り方は、見せたい花などを中心に置き、美しく見えるように。季節感やイメージを表現するために、木の実や貝殻などを飾ってみるのも楽しい。

> **ハーブの常識**
>
> **さまざまな器を試してみよう！**
> ポプリを飾る器は、陶器のお皿やガラスの容器、形がきれい、またはユニークなビンやバスケット、紙箱などアイディア次第でなんでも使えます。ポプリのテーマを決めて、ぴったりの器を見つけましょう。

ちろちろと炎が揺れるティーライトキャンドルでアロマポットを温め、ロマンチックに香りを漂わせるシマリングポプリ。秋から冬、暖かい部屋の片隅に置いて、やさしい香りに包まれてみてはいかが？

温かな香りに癒される
シマリングポプリ

コモンラベンダー

> **材料** ドライハーブ：コモンラベンダー、ローズマリー、ローズなど各大さじ1　スパイス：クローブ、シナモン（細かくする）など各小さじ1

使い方
ハーブとスパイスと水をポットに入れ、キャンドルに点火する。水の量はポットの八分目程度が目安。水の減り具合に注意し、部屋を離れるときは火を消すこと。

シマリングポプリにおすすめのハーブ
ローズ、コモンラベンダー、ジャーマンカモマイル、ローマンカモマイル、レモンバーベナ、レモングラス、ローズマリー、コモンタイム、ペパーミント、コモンセージ、ユーカリ　スパイス：アニスシード、フェンネルシード、キャラウェイシード、シナモン、クローブ、カルダモン、バニラ　柑橘類の皮：オレンジ、レモン、ミカン、グレープフルーツ　など

粗塩に香りを染みこませる
モイストポプリ

ここで紹介するのは、粗塩に香り豊かな花やハーブを混ぜて、熟成の時間をかけずに作る「モイストポプリ」のアレンジ。花を生ける感覚で飾れば、スタイリッシュで個性的な空間を演出できる。花に合わせてコーディネートする器選びも楽しい。

材料 粗塩カップ1　花：ストック、フリージア、スイセン、カーネーション、バラなど香りのよい花から選び、半乾きでカップ1　ドライハーブ：ニオイヒバ、ラベンダーなどを合わせ大さじ1〜2　スパイス：コリアンダーシード（軽くつぶす）小さじ½　オレンジの（白いわた部分をそいで取り除き、ちぎる）皮¼個　クリスタルビーズ適量

作り方
ボウルに粗塩、花、ハーブ、スパイス、オレンジの皮を入れて混ぜ、器に盛りつける。花をバランスよく配置し、クリスタルビーズを散らす。ボウルで混ぜ合わせる際に香りが足りないと感じたら、好みのエッセンシャルオイルを数滴垂らしてもOK。

海の思い出をテーマにしたモイストポプリ。盛りつける器やモチーフによってデザインする、クリエイティブな時間も楽しめる。

スイセン　ローズ　コリアンダーシード

アドバイス
本来のモイストポプリは、粗塩に花をつけこんで1ヵ月、ハーブやスパイスを混ぜてさらに1ヵ月、という長い熟成期間を要して作るもの。熟成に加え、エッセンシャルオイルなどを加えるため、香り豊かに仕上がるが、花の色はあせてしまう。

ここで紹介したモイストポプリは、塩のクリスタルな輝きに映える鮮やかな花の色が、インテリアのアクセントとして手軽に楽しめるものとなっている。

美しさも香りも長持ち
ドライタッジーマッジー

ローズ　ヘザー

ドライフラワーと、香り豊かなポプリフラワーを取り合わせたドライタイプのタッジーマッジーは、その美しさも香りも長く楽しめる香りのインテリア、スマートな芳香剤として暮らしを彩る。紹介する作品は、シャクヤク、ヘザー、ラグラスにポプリフラワーの取り合わせ。

材料　シャクヤクのドライフラワー1本　草花やハーブのドライフラワー、ニオイヒバの枝など各適量　24番のフローラルワイヤー、フローラルテープ、リボン各適量　円形のレースペーパー1枚　ポプリフラワー6本分の好みのポプリ適量（P94参照）　白のシルクオーガンジー8×8cm 6枚

作り方
❶ シャクヤク、ドライフラワー、ニオイヒバの茎にフローラルワイヤーを巻きつけ、さらにフローラルテープを巻く。

❷ シャクヤクを中心にドライフラワー、ポプリフラワー（作り方は下記参照）を同心円状に束ね、外側をニオイヒバで囲む。フローラルテープで1周ごとに留めながら巻くとまとめやすい。

❸ レースペーパーの中心に小さく切り込みを入れ、②の花束を通してフローラルテープで留めつける。

❹ 茎、ワイヤーを切りそろえ、フローラルテープで茎部分を巻き、飾り用のリボンを結んででき上がり。

ポプリフラワーの作り方
❶ 用意したポプリの中のすべての材料がまんべんなく入るようにして、花びら、スパイス、ハーブ、保留剤を小さじ2杯分取り出す。

❷ ①をオーガンジーの中心にのせ、てるてる坊主状に丸くまとめる。

❸ すそ部分をフローラルワイヤーで留め、ボールの下から5cm程度をフローラルテープを巻きつけて留める。

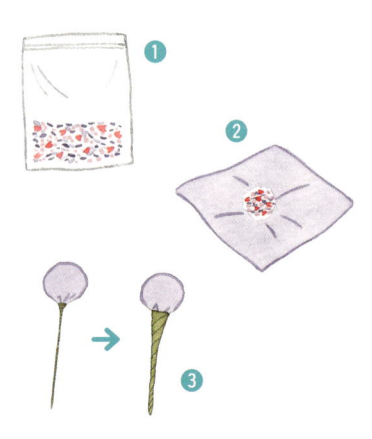

タイムやローズマリーで作る
ミニリース

ローズマリー

ハーブ栽培の日々の世話で行う、摘心や枝すかし、切り戻ししたハーブを使って小さなリースを仕立てよう。しなやかな長めの枝1本をくるっと輪にしてリボンや糸で留めれば、簡単にミニリースができる。部屋のドアノブ、タオル掛けなど、ちょっとした場所に飾れば、キュートな香りのインテリアに。

作り方
❶ 短い枝のハーブの場合は、数本ずつを糸、または細いワイヤーで束ねる。でき上がりのリースの大きさに合わせ、同様にしていくつか作る。
❷ 極細のワイヤーや、メタリック糸などでハーブの束をつないで輪にする。ワイヤーの場合、螺旋状によるとスタイリッシュで素敵。

極細のワイヤーにビーズを通し、一定間隔でビーズをねじってワイヤーに留め、リースの枝にからげてでき上がり。

マートルの枝で作る
グリーンボール

マートル

常緑の鮮やかな葉が印象的なマートル。十分に吸水させたオアシスに小枝をさして作るグリーンボールは、そのまま乾燥させて楽しめる。インテリアとしても、またウエルカムリースの感覚で玄関先に飾ってもいい。

材料 つり下げ用プラスチック枠に入った球形オアシス(商品名：アクアボールブーケネット) 1個　マートル、ローズマリー、ニオイヒバ、サザンウッドなどの枝長さ5㎝程度を各適量　つり下げ用、飾り用リボン各適量　オーナメント適宜　※オアシスは四角形を球形に削り、つり下げるようにひもをつけるなど自作も可。

作り方
❶ ハーブの下部2～3㎝の葉を取り除く。
❷ つり下げ用リボンをオアシスの頂点につける。
❸ リボンの付け根の周囲2㎝程度にマートルをさす。
❹ プラスチック枠のグリッドに沿って放射状にマートルをさしてから、全体にぎっしり埋めるようにする。
❺ 残りのハーブを散らすようにさす。
❻ 飾り用のリボン、オーナメントを好みで飾る。

フレッシュな花穂で作る
ラベンダーバンドルズ

清涼な香りのフレッシュなラベンダーの花穂を束ねて作るバンドルズは、ハーブで作るクラフトのスタンダード！ 香りの部屋飾りとしてはもちろん、ハンカチや小物の引き出しなどに入れれば、よい香りがほのかに移る。

材料 コモンラベンダーの花（茎つき）9本や11本など奇数本　5mm幅のリボン100〜150cm　糸、ボンド適量

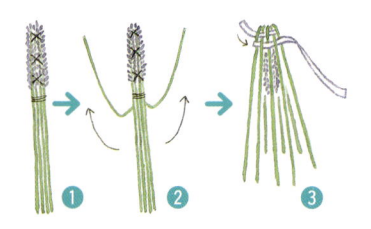

作り方（右写真ピンクのリボン）
❶茎の葉を取り除き、茎を1つに束ね、花の付け根を糸でしばり、その糸で花をまとめながら粗くからげる。
❷糸の下の茎を爪の先で押して、少し柔らかくしてから花のほうへ折り曲げる。このとき、茎を切らないように注意する。
❸茎にリボンを通す。リボンで茎を織るような感じで1本おきに通す。リボンの片端は少し出しておき、2周目で中に入れる。
❹リボンが花穂の下まできたところで茎をひと巻きして、ボンドで留めつけ、余分なリボンを切る。
❺茎を切りそろえ、花穂の下にリボンを結んででき上がり。

コモンラベンダー

デスク上のペン立てやドレッサーの小物トレーなどに入れ、ふとしたときに手に取って香りをかげば、気持ちがすっとリセットされる。

Ⅳ ハーブを使ってキュートなクラフト作り ● ラベンダーバンドルズ／フルーツポマンダー

ハーブクラフトのトラッド
フルーツポマンダー

フルーツとクローブで作る香りのボール、ポマンダー。独特の甘い香りが数年間も持続して楽しませてくれる。オレンジで作るポマンダーは、作業中、フレッシュな柑橘類の香りに包まれてとてもすがすがしい。

材料 オレンジ1個　クローブカップ½程度　飾り用コードまたはリボン100cm程度　ポマンダーミックス大さじ1〜2　竹串1本　フローラルテープ適量

作り方
❶オレンジを洗って水けを拭きとり、フローラルテープを十文字にかける。
❷オレンジに竹串で穴を開けながらクローブをさし込む。クローブの頭をつぶさないように注意し、浮かないようにしっかりとさす。
❸全体にさし終わったらフローラルテープを外し、ポマンダーミックスをまぶす。浮いているクローブがないか、手で軽くにぎって埋め込む。
❹そのまま冷暗所に2〜3日置いてから取り出し、カチカチになるまで乾燥させる。できるだけ早く乾かすため、白熱灯、こたつ、エアコンやヒーターなどを利用するのもいい。温風を当てる際は、まぶしたポマンダーミックスが飛び散らないように通気性のある紙袋や箱に入れる。
❺完全に乾いたら（軽くなってカチカチになる）、飾り用コードを結んででき上がり。

ポマンダーにおすすめのフルーツ
レモン、ライム、キンカン、ヒメリンゴ

クローブ

オレンジは乾燥すると縮むため、クローブの頭1個程度の間隔を空けてさす。フローラルテープは、飾り用コードの幅よりやや広めのものを使う。

クローブをさす際に、頭がついているものを選ぶ。

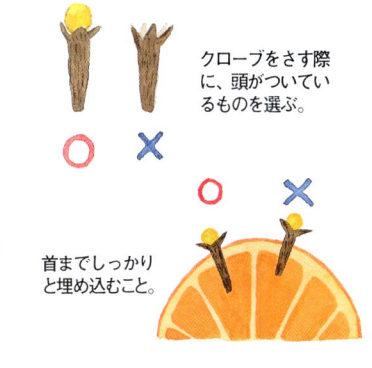

首までしっかりと埋め込むこと。

贈る相手を思い浮かべながらカードを手作りする時間、ハーブの香りがやさしく漂い、ゆったりした気持ちになっていることに気づくはず。伝えたい思いに香りを添える、ちょっぴりサプライズなオリジナルカード。

すがすがしく香る
モビールカード
コモンラベンダー

材料 カード用紙1枚 ペーパーナプキンをハートの大きさ分適量 ドライコモンラベンダー少々 糸（あればメタリック糸）10cm程度 シール1枚 カラーマーカー のりか紙用ボンド適量

作り方
❶ペーパーナプキンはハート形に2枚切り抜き、1枚にラベンダーをのせ、糸をハートの上部のくぼみに置き、縁にのりをつけてもう1枚を張り合わせる。
❷カードの片側を①のハートが入るくらいの大きさに四角く切り抜き、フレームの縁などに模様を描く。
❸カードを折り畳んだ内側にのりで糸をつけ、その上にシールを張ってでき上がり。

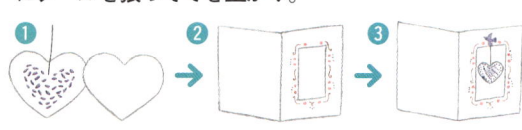

自分で調合したポプリをカードにしのばせて贈る、香り入りカード。封を開く瞬間に漂うその香りが彼のハートをやさしく包んで……。市販のミニカードもちょっと手を加えるだけで素敵な香りのカードにできる。

香りに真心をこめる
バレンタインカード
ローズマリー

材料 カード用紙1枚 4cm幅のリボン7cm 1cm幅のリボン16cm・11cm 3mm幅のリボン適量 ハート形ボタン1個 ハート形スパンコール赤2個 ビーズ赤8個 好みのポプリ適量 糸、紙用ボンド各適量

作り方
❶1cm幅のリボンをそれぞれ2等分する。
❷4cm幅のリボンの中央にハート形ボタン、スパンコール、ビーズを糸で留めつける。
❸カードの表の中央にポプリ少々を平らにしてのせ、その上に②のリボンを置き、ボンドで張りつける。
❹③のリボンの四辺を①のリボンで囲み、ボンドで張る。
❺④の内側の四角にビーズを張りつける。
❻3mm幅のリボンで蝶結びを作り、⑤の上部にボンドで張りつけてでき上がり。

IV ハーブを使ってキュートなクラフト作り ● モビールカード／バレンタインカード／レースペーパーサシェ

好きな香りを身につける
レースペーパーサシェ

コモンラベンダー

サシェとは匂い袋のこと。美しいレースペーパーを利用して手作りすれば、本や手帳に挟んで持ち歩いたり、小物の引き出しにしのばせたり、お気に入りの香りをさりげなく身につけることができる。レースペーパーは手芸用品店などで手に入る。

★ハーフハートのしおり

材料 ハート形レースペーパー1枚　シルクオーガンジーのはぎれ、ペーパーナプキンなどの薄い紙各1枚　5mm幅のリボン10cm程度　コモンラベンダーなど好みのドライハーブ、ポプリなど適量　のり適量

作り方

❶レースペーパーを模様が重なるように2つに折る。
❷①を広げて片側の中心部を図のように切り抜く。
❸切り抜いた周囲に沿って、裏側にのりを薄くつけてオーガンジーを張り、余分な部分を切り取る。
❹③のオーガンジーに重ねるようにして、同様にペーパーナプキンを張り、余分な部分を切り取る。
❺中心にポプリやハーブ少々をのせ、再度①のように二つ折りにして張り合わせる。
❻リボンを通してでき上がり。

★香りの小袋

材料 レースペーパー1枚　お茶パックかカラーペーパーナプキンなどの薄い紙1枚　飾り用リボン、糸各適量　コモンラベンダーやレモンバーベナなど好みのドライハーブ、ポプリなど適量　のり適量

作り方

❶お茶パックか、ペーパーナプキンで作った小袋にハーブ少々を入れる。
❷四方からレースペーパーを内側に折り畳んで長方形にし、その中に①のポプリバッグを入れる。
❸中央で重なり合う部分の内側にのりをつけて留める。
❹留めた部分にリボンを飾ってでき上がり。

バッグや引き出しにしのばせる
サシェ

コモンラベンダー　ペパーミント

20cm四方程度の布を使ってできるサシェ。今回紹介する2つは、縫わないで作る簡単なもの。ハンカチを利用したり、キュートなプリント柄、好みの素材のはぎれで作ろう。

★シンプルサシェ

材料　木綿布7×18cm 1枚　3mm幅のリボン適量　ドライコモンラベンダー大さじ3　縫い糸適量

作り方
① 布を中表にして長辺を2つに折り、両端を縫って袋状にし、表に返す。
② ラベンダーをつめる。
③ 上部を5mm程度折り、両角を中心に向かって2回折り畳む。
④ 上から3cm下をリボンで結ぶ。

★てるてる坊主のサシェ

材料　木綿布15×15cm 1枚　3mm幅のリボン、縫い糸各適量　ドライコモンラベンダー大さじ1～3

作り方
① 布を円形に切る。
② ①の中央にラベンダーをのせ、てるてる坊主を作り、頭の下を糸でしばる。
③ 糸の上にリボンを結ぶ。

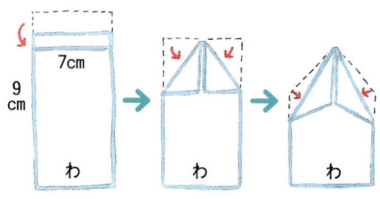

★麻布のサシェ

材料　麻布23×23cm 1枚　3mm幅の薄手のリボン30cm程度　貝ボタン（2穴）1個　ドライコモンラベンダー、ペパーミントなど好みのポプリ大さじ3　お茶パック1枚　糸適量

作り方
① 布の四辺を裏側に2cm折り、アイロンをかける。
② ポプリをお茶パックにつめる。
③ 布の中心に②を置き、布の4つの角をつまみ上げるように1つに集め、頂点から4～5cm下を糸でしばる。
④ 正面を決め、貝ボタン穴にリボンを通し、糸でしばった上に結ぶ。

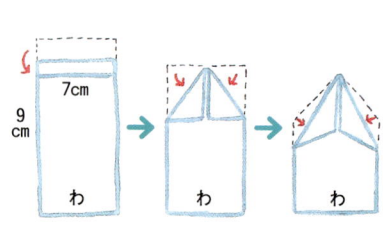

ハーブを使ってキュートなクラフト作り ● サシェ／コミュニケーションサシェ

バッグや携帯電話に下げるとかわいい
コミュニケーションサシェ

バニラ　コモンラベンダー

軽く押すといい香りを漂わせる、ぬいぐるみのサシェ。オリジナルの型紙をデザインして、自分だけのキャラクターを誕生させてみては？ ささやかなプレゼントにも最適☆

★ネコの親子

材料　木綿布10×15cm 2枚　フェルト3.5×3cm 2枚　貝ボタン1個　ドライコモンラベンダー大さじ1　バニラ5mm程度　ビーズ5個　リボン、刺繍糸、縫い糸、手芸用化繊わた各適量

型紙

作り方

❶親ネコと子ネコの型紙を作る。
❷木綿布2枚を中表に重ね、親ネコの型紙を写し、返し口を3cmほど開けて縫い、表に返す。
❸返し口から化繊わたを少しずつつめ、途中、好みの場所(耳、手、お腹など)にラベンダーをつめて、返し口をとじ合わせる。
❹立体感を出すため、わきの下、足の間を縫って縫い目をつけ、首にリボンを巻き、ボタンで留めつける。
❺フェルトに子ネコの型紙を写して切り取り、ブランケットステッチで縁をとじ合わせ、途中で、化繊わたに包んだバニラを入れて縫い留める。お腹に×を刺繍する。
❻親ネコと子ネコをビーズを通した刺繍糸でつなげて、でき上がり。

★キャラメルガール

材料　キャラメル色の別珍布7×10cm 2枚　好みのポプリ小さじ1　バニラ少々　手芸用化繊わた、並太毛糸、赤のフェルト布、リボン、縫い糸各適量

作り方

❶型紙を作り、布1枚の裏に型紙を写して切り取り、頭部に返し口を3cmほど開けて中表に縫い、表に返す。
❷返し口から化繊わたをつめ、途中、ポプリを包んだ化繊わたをつめる。
❸毛糸を4～5cm長さにして束ね、頭部の返し口にさし込み、縫い合わせ、リボンを飾る。
❹目、鼻、口を刺繍し、ハート形に切ったフェルトをポケットに縫いつけ、中にバニラを入れる。

107

コロンとキュートな香り玉。コスメポーチや携帯電話など、持ち歩く小物に付けて、お気に入りの香りを携えよう！

大好きな香りのお守り
香り玉

コモンラベンダー

材料（1個分） 木綿布8×8㎝2枚　ドライコモンラベンダー小さじ2　リボン、ミシン糸、縫い糸各適量

作り方
❶布の中心に小さじ1のラベンダーを置き、てるてる坊主を作り、頭の下をミシン糸でしばる。これを2個作る。
❷①のすそ部分は5㎜程度を残して切る。
❸②の2個の切り口を縫い合わせる。途中、二つ折りにしたリボンを挟み込む。
❹指で押して、丸く形を整える。

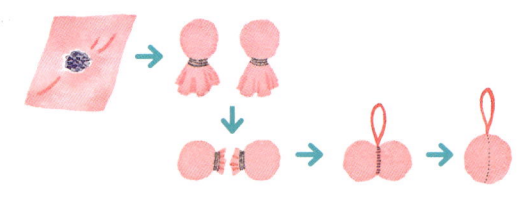

さりげなく飾るインテリアとしてはもちろん、コサージュのようにドレスにあしらっても素敵。香水をつけるように、好みのポプリを香らせてみてはいかが？

香りのアクセサリー
カメリア風サシェ

ローズマリー

材料 赤のシルクオーガンジー25×25㎝1枚　赤のリボン細幅、広幅各25㎝　好みのポプリ小さじ1　フェルト、ラメ糸各適量

作り方（右の赤）
❶オーガンジーの縁をピンキングばさみでカットする。
❷①の縁から3㎜内側を円形に粗く縫い、糸はそのままにしておく。
❸②の中央にポプリを置いて、てるてる坊主を作る。
❹②の糸を引いて縮め、裏側に縫い留める。
❺④のすそ部分を中心のポプリに縫いつけ、周りの輪になった部分を立たせる。
❻リボンを二つ折りして⑤の後ろに縫いつけ、裏側をカバーする大きさに切ったフェルトをかぶせて縫う。
※左のピンクの作り方は基本的に赤と同じ。ペーパーを用いるため、①、②、④の工程はなく③から始め、⑤の輪になった部分を立たせて花びらを作る。

ハーブを使ってキュートなクラフト作り ● 香り玉／カメリア風サシェ／スリープバッグ

枕元で香るサブピロー
スリープバッグ

ジャーマンカモマイル　リンデン

気持ちが安らかになる大好きな香りを枕元に。ポプリの芳香が健やかな眠りに誘ってくれる。

★レース飾りのスリープバッグ

材料　ケース用木綿布24×48cm1枚　内袋用白の木綿布22×32cm1枚　4.5cm幅の白の綿レース35cm　3mm幅のリボン60cm3本　ポプリカップ1強　手芸用化繊わた、縫い糸各適量

作り方

❶ケース用布の表にレースを縫いつける。

❷①を中表に3等分に折り、袋になる部分の両端を縫う。

❸表に返し、ふたになる部分の角を三角に折り、縁全体を縫う。

※飾り縫いのため、針目は美しく。

❹レースにリボン3本を通す。

❺化繊わたでポプリを包み、白の木綿布で内袋を作ってポプリをつめ、口を縫い閉じる。

❻④のケースに内袋を入れ、リボンを結んで仕上げる。

※リボンを通す前に、ケースにアイロンをかけると美しく仕上がる。

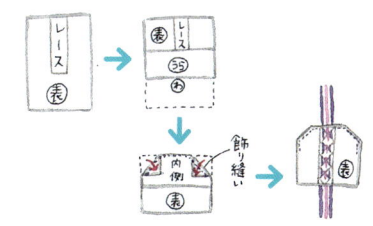

ピローにおすすめのドライハーブ

気持ちを穏やかにする効果があるジャーマンカモマイル、リンデン、コモンラベンダー、スイートマジョラム。

★花柄プリントのカバー

材料　木綿布22×32cm1枚　ボタン1個　細幅のリボン、縫い糸各適量

作り方

❶布の短辺の両端を三つ折りにしてまつる。

❷高さが12cmになるように、中表にして三つ折りにし、両端を縫う。

❸表に返し、重なっている上側の中心にボタンをつけ、リボンでループを作り、下側の同じ位置に縫いつけてボタン留めができるようにする。

ペットにもおすすめ。寝床回りに置けば防臭効果も！

フェミニンな香りのクラフト
香りのハンガー

コモンラベンダー

ワードローブの扉を開くと、ふわっと広がるハーブの香り。形くずれを防ぎ、防虫効果もあるポプリ入りのハンガー、ぜひ手作りしよう。

★香りのハンガー

材料 針金ハンガー1本 木綿布25×50cm 1枚 手芸用化繊わた、キルト芯各適量 幅12mm程度のリボン40〜50cm 幅35〜40mm程度のリボン45〜50cm お茶パック4枚 ポプリ（コモンラベンダー大さじ6 ローズマリー、スイートマジョラム各大さじ2 コモンタイム小さじ2） ボンド、ガムテープ、縫い糸各適量

作り方

① 針金ハンガーの上下を寄せて細くし、ガムテープで留めつける。

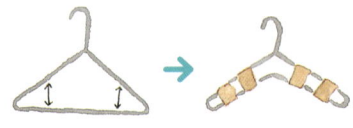

② フック部分にボンドをつけながら、細幅のリボンを巻きつける。先端をしっかり巻きつける。

③ ハンガーに化繊わたをかぶせ、その上から7cm幅に切ったキルト芯を巻きつけて形を作る。

④ お茶パックにポプリを入れる。

⑤ 布を外表に2つに折り、ハンガーの下から包むようにしてかぶせ、上の部分で端を中に折り込みながら縫い閉じる。その際に、左右の肩の前後4ヵ所に④のポプリを入れる。

⑥ 布の両端はハンガーの幅に合わせて粗く縫い、縫い代を内側に折り込み、糸を引いて布を縮めて縫い留める。

⑦ フックの下、中央で布が余っている部分を粗く縫い、糸を引いて布を縮めて、ハンガーの形にする。

⑧ フックの根元に幅広リボンを飾る。

★サシェバッグ

材料 木綿布12×40cm 1枚 ポプリ、リボン、縫い糸各適量

作り方

布の短辺の両端を1cm程度裏側に折り、縫う。外表に長い辺を二つ折りにし、底にポプリを入れてさらに折る。両端を1cm程度の縫い代で底のほうから縫い、袋にする。左右にリボンを挟み込んで縫い留める。

においとり効果バツグン！
シューズキーパー

コモンタイム　ペパーミント

愛用の靴の防臭はもちろん、形くずれも防いでくれる便利なアイテム。シューズストッカーにこもりがちなイヤなにおいとはもうさようなら。

材料（1組分）　木綿布28×28cm 2枚　キルト芯25×25cm 2枚　ドライハーブ（コモンラベンダー、オレガノ、コモンタイム、ペパーミントなど）カップ2　リボン、縫い糸各適量

作り方
① ハーブを量って片足ずつをきちんと同量に分ける。
② キルト芯の厚みを袋状に裂き、中に①を入れ、靴の形に合うように形をととのえて縫う。これを2つ作る。
③ 布の縁をピンキングばさみでカットし、上半分の中心に②を置き、包む。
④ リボンを飾ってできあがり。

ハーブの常識
交換時期をチェックして

ハンガーやサシェなど、ハーブを使ったクラフトものから、まれに虫が出ることがあります。ときどきチェックして大切な衣類をかけっぱなしにしないこと。また、香りがなくなったら新しいものと交換しましょう。

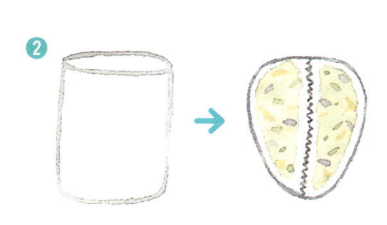

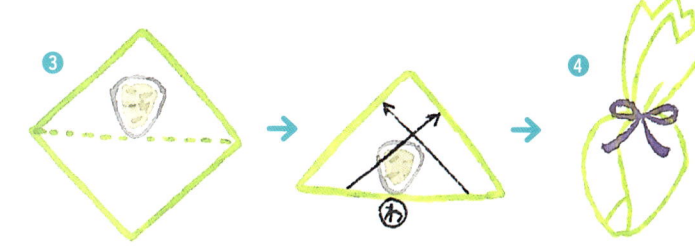

Ⅳ　ハーブを使ってキュートなクラフト作り ● 香りのハンガー／シューズキーパー

ハーブの香りに癒される!?
ペットの首輪

ノミよけ効果のあるペニーロイヤルミント、気持ちが穏やかになるコモンラベンダーとジャーマンカモマイル、殺菌、防虫効果のあるコモンタイムを入れた首輪でペットの健康をナチュラルに管理しよう。

材料 木綿布10cm×ペットの首回りサイズ1枚 ドライハーブ(ペニーロイヤルミント、コモンラベンダー、ジャーマンカモマイル、コモンタイムなど)、手芸用化繊わた、木綿リボン、縫い糸各適量

アドバイス
首輪はリボンで留めるため、サテンなどは向かない。木綿など、摩擦があって滑りにくい素材を使うとよい。

作り方(写真左の首輪)
❶布を横にして置き、手前を除く3辺を1cm内側に折り、その上にわたを薄く敷き、手前にハーブをのせる。
❷のり巻きを巻く要領で手前から巻いていき、縫い留める。
❸両端にリボンを挟み入れ、しっかりと縫いつける。

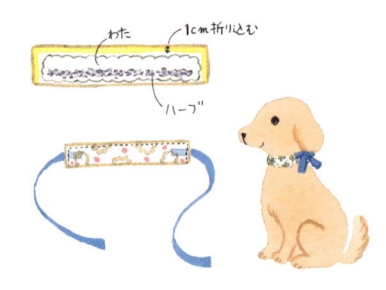

ジャーマンカモマイル　コモンタイム

ハーブの常識
ペットにボディリンスケア
ハーブのエキスで作る清浄剤でペットの体を拭いてさっぱり！ アップルビネガー200ccにドライコモンラベンダー大さじ2、ドライコモンセージ大さじ1を2～3週間つけたもの(左のボトル)や、P80で紹介したハーブリンス(右のボトル)を、お湯で10～15倍に薄めて使うのもいい。ラベンダーのエッセンシャルオイルを1滴垂らせば、気分を穏やかにする作用も効いて、いい子になるかも!?

ちょっとまじめなハーブの話2

古代の人も愛したコンテナガーデン

植物を育てるために、コンテナを利用しはじめたのはいつごろのことだと思いますか？ その歴史はとても古く、古代エジプト時代には壺に植物を植えて、装飾的に使っていました。ラムセス3世は特に園芸愛好家だったといいます。

古代ギリシャ時代にはアドニスガーデンと呼ばれた、一種の屋上庭園があり、儀式のときには、大麦や小麦の種をまいた壺が置かれていたそうです。

現代に生きる私たちも、趣味と実用、空間のアレンジメントを兼ねて、ハーブをコンテナに寄せ植えし、庭やベランダを彩りましょう。

ポプリ世界の言葉

香りの花束「タッジーマッジー」は、tussie mussie、tuzzy muzzy、tassy mussyなどと綴り、語源はミステリーとされて定かではありません。ビクトリア時代には、ビクトリアンポージーvictorian posyとも呼ばれていました。

「ノーズゲイ」もハーブで作る香りの呼び名。英語でノーズnoseは鼻、ゲイgayは、快活な、楽しそうという意味。訳すと、鼻が楽しそう、快活な鼻、鼻の喜びというような解釈になります。ハーブと花の香りが、鼻にとって心地よく楽しいことだなんて、なんてウイットに富んだ表現でしょう。

ポマンダーの語源は？

ポマンダーといえば、今日ではオレンジなどの柑橘類を使用するのが一般的です。でも、13～18世紀にかけて流行した当時は、動物性香料のアンバーグリス（竜涎香）やムスク（麝香）を練り固め、アンズくらいの大きさで、リンゴのような形に作られ、ムスクで作られたものはムスクボールと呼ばれることもあったとか。

ポマンダーの語源は、ラテン語pomum-ambrae（=apple of amber）にあり、フランス語のpomme d'ambreから、今日のpomanderになったと伝えられます。

衛生状態のよくなかった時代、伝染病などから身を守るために持ち歩いたり、腰からチェーンで下げたりしていました。やがて高価な香料を入れる、金銀透かし細工のケースも作られるようになり、そのケースもポマンダーと呼ばれています。

クラフトのハーブ図鑑

カレープラント
Helichrysum italicum

キク科　木本
原産地：ヨーロッパ南部
別名／和名：エバーラスティング／──
利用部分：葉、花
利用法：料理、クラフト、園芸

特徴：シルバーグレーの葉色が美しく、その枝先に黄色の小花を咲かせる。学名のヘリクリスム(Helichrysum)は、ギリシャ語で「太陽(Helios)」「金色の(Chrysos)」という意味。乾燥させた花や葉はドライフラワーやポプリに利用する。食欲をそそるカレーの香りが葉から漂うが、カレー粉の原料ではない。生葉はスープや煮込み料理などに利用できるが、風味が移ったら取り除き、食べないこと。長時間加熱すると苦みが出るため、仕上げに入れるとよい。

栽培のポイント：高温多湿を嫌う。梅雨前、風通しをよくするために込み合った枝を間引く。
注意：葉は食べると胃に変調をきたすおそれがある。

（栽培データ）　日当たり：☀　耐寒性：半耐寒
草丈：40〜50cm　広がり：30〜50cm

1	2	3	4	5	6	7	8	9	10	11	12
		植え付け									
				開花							
			葉の収穫								
				花の収穫							
		挿し木					挿し木				

アニスヒソップ
Agastache foeniculum

シソ科　多年草
原産地：北アメリカ、中央アメリカ
別名／和名：ジャイアントヒソップ／──
利用部分：花、葉
利用法：お茶、料理、クラフト、園芸

特徴：葉に触れると、甘くてスパイシーなアニスそっくりの香りがする。アメリカ先住民は、風邪やせき止めの薬用植物として伝統的に利用していた。花の蜜が多く、蜜源植物としても知られ、アニス風味の良質なハチミツが採れたため、19世紀には養蜂業者により広く栽培されたという。初夏から秋まで、ピンク色を帯びた紫色の花を穂状につける。フレッシュのままで香りの花束に乾燥させ、ポプリやドライのアレンジメント、リースの彩りなどに利用する。食用花としても楽しめる。

栽培のポイント：日当たりがよく、または半日陰で湿り気のある場を好む。花期が長いために追肥する。春、枝を摘心して側枝を伸ばすようにするとよい。

（栽培データ）　日当たり：☀☀　耐寒性：あり
草丈：50cm〜1m　広がり：30〜50cm

1	2	3	4	5	6	7	8	9	10	11	12
		植え付け									
				開花							
				収穫							
			挿し木								
			株分け				株分け				

114

Ⅳ ハーブを使ってキュートなクラフト作り ● アニスヒソップ／カレープラント／キャットニップ／クローブピンク

クローブピンク
Dianthus caryophyllus

ナデシコ科　多年草
原産地：南ヨーロッパ、北アフリカ、インド
別名／和名：──／オランダセキチク
利用部分：花
利用法：料理、クラフト、切り花、園芸

特徴：ジリ・フラワーや、ソップス・イン・ワインという古い名を持ち、花にはクローブに似た香りがある。かつては芳香ある花をワインの風味づけに用いたという。園芸植物として長い歴史を持つ。学名Dianthusは、神の花という意味のギリシャ語に由来し、和名オランダセキチクは、江戸時代にオランダより伝わったため。食用花として利用するときは、花弁下部の白い部分に苦みがあるため、取り除くとよい。クローブピンクは、ナデシコ属数種の総称とされている。花色形は品種によってさまざまある。

栽培のポイント：花が咲き終わったら切り戻す。夏はやや日陰の場所に。ハダニの予防には葉水をかけるとよい。

栽培データ　日当たり：☀　耐寒性：半耐寒
草丈／広がり：品種により異なる

1	2	3	4	5	6	7	8	9	10	11	12
			植え付け			植え付け					
				開花							
				収穫							
			挿し木								

キャットニップ
Nepeta cataria

シソ科　多年草
原産地：ヨーロッパ、アジア
別名／和名：キャットミント／イヌハッカ
利用部分：葉、花
利用法：お茶、ヘルスケア、クラフト

特徴：葉の周囲には鋸歯（きょし）があり、初夏から夏まで、かすかに赤みを帯びる小さな花を穂状に咲かせる。和名ではイヌハッカと呼ばれるが、ネコが非常に好む香りを発散し、このハーブのそばにはネコが集まってくる。乾燥した葉を詰め、ぬいぐるみのように仕立てるネコ用のおもちゃなどもある。かつて、ヨーロッパでは紅茶が一般的になるまで、キャットニップがお茶として飲用されていたという。発汗、解熱、鎮静作用などがあることが知られている。

栽培のポイント：日当たりを好む。ネコに荒らされるおそれのある場合はネコよけ対策をする。
注意：妊娠中は使用しないこと。軽い通経作用がある。

栽培データ　日当たり：☀　耐寒性：あり
草丈：40～60cm　広がり：20～50cm

1	2	3	4	5	6	7	8	9	10	11	12
			植え付け								
					開花						
						収穫					
			挿し木								

コモンヤロウ
Achillea millefolium

キク科　多年草
原産地：ヨーロッパ、アジア、北アメリカ
別名／和名：――／セイヨウノコギリソウ
利用部分：花、葉、茎葉
利用法：お茶、クラフト、切り花、園芸

特徴：ヤロウの仲間には赤、ピンク、黄など、さまざまな花色があるが、コモンヤロウの花色は白。薬用植物として古代ギリシャ時代から利用され、傷の治療に重宝がられていたようだ。ドイツでは、女性の健康維持のためにお茶が飲まれているという。夏の終わりまで咲く花は、乾燥させてポプリや香りの花束、リースの彩りに利用する。押し花は、しおりやカードにする。茎葉を細かくしてコンポストに加えると、堆肥の分解を助ける。

栽培のポイント：日当たりのよい場所を好む。植え付けの株間は十分にとること。
注意：妊娠中の飲用は避ける。多量に用いると、めまい、光過敏症、アレルギーの原因になる場合がある。

栽培データ　日当たり：☀　耐寒性：あり
草丈：30～50cm　広がり：30～50cm

1	2	3	4	5	6	7	8	9	10	11	12
		植え付け	植え付け			植え付け	植え付け				
				開花	開花	開花					
				収穫	収穫	収穫					
		株分け	株分け				株分け	株分け			

コストマリー
Tanacetum balsamita

キク科　多年草
原産地：西アジア
別名／和名：エールコスト、バイブルリーフ／バルサムギク
利用部分：葉
利用法：お茶、料理、ヘルスケア、クラフト

特徴：しっとりと滑らかな葉に触れると、甘くスパイシーなバルサムの香りがする。別名のバイブルリーフは、その昔、教会での長い説教の際、聖書の間に挟んだコストマリーの香りを教徒たちが密かにかいで、眠気や空腹感を紛らわしていたことに由来するとか。乾燥した葉はいつまでも香り、防虫効果もある。ポプリやサシェに加えたり、押し葉にしてしおりを作ると、本を開くたびに香りが漂う。

栽培のポイント：保水性、排水性のよい用土で、日当たりのよい場所を好む。株間を十分にとる。種よりも苗から育てるほうが手軽。

栽培データ　日当たり：☀　耐寒性：あり
草丈：30～80cm　広がり：30～50cm

1	2	3	4	5	6	7	8	9	10	11	12
		植え付け	植え付け			植え付け	植え付け				
					開花	開花					
				収穫	収穫	収穫					
		挿し木					挿し木				
		株分け	株分け				株分け	株分け			

サントリーナ
Santolina chamaecyparissus

キク科　木本
原産地：地中海沿岸
別名／和名：サントリナ、コットンラベンダー／ワタスギギク
利用部分：花、葉、茎
利用法：クラフト、園芸

特徴：葉には独特の香りがあり、イギリスではチューダー朝のとき以来、花壇の模様や縁取りとして植えられている。中世では薬として利用されていた。また、中世やビクトリア時代には香りの花束に加えられた。防虫効果があるため、ドライにしてラベンダーやタイム、サザンウッドなどと合わせると、芳香ある衣装ダンス用の香り袋になる。ドライにしても黄色い花色やシルバーグレーの葉色は変わらない。

栽培のポイント：日当たりと風通しのよい乾燥した場所を好む。高温多湿の梅雨、夏には枝を間引く。水はやりすぎずに乾燥気味にする。

栽培データ　日当たり：☀　耐寒性：半耐寒
草丈：20〜40cm　広がり：30〜40cm

1	2	3	4	5	6	7	8	9	10	11	12
		植え付け									
				開花							
				収穫							
			挿し木				挿し木				

サザンウッド
Artemisia abrotanum

キク科　木本
原産地：ヨーロッパ南東部、西アジア
別名／和名：――／キダチヨモギ
利用部分：葉
利用法：クラフト、園芸

特徴：グレーグリーンの細い葉に触れると、レモンに似た香りがする。16世紀にイギリスにもたらされると、田舎風の庭を彩る植物としてすぐに人気を集めた。また17世紀、イギリスからアメリカにもたらされた最初の植物の1つといわれている。当時は香りの花束やアレンジメントに使われた。乾燥させてポプリや防虫用のサシェに利用する。同じ仲間のワームウッドも同様に利用できる。コンパニオンプランツとしても効果がある。

栽培のポイント：日当たり、風通しのよい場所を好む。春先に前年の古い枝を切り戻すと、新芽が伸び、姿よく茂る。風通しをよくするために梅雨前に刈り取るとよい。

栽培データ　日当たり：☀　耐寒性：あり
草丈：50cm〜1m　広がり：30〜60cm

1	2	3	4	5	6	7	8	9	10	11	12
		植え付け									
					開花						
						収穫					
			挿し木				挿し木				
		株分け									

ダイヤーズカモマイル
Anthemis tinctoria

キク科　多年草
原産地：ヨーロッパ、イラン、トルコ
別名/和名：ゴールデンマーガレット／コウヤカミツレ
利用部分：花
利用法：クラフト、染色、切り花、園芸

特徴：染色を意味する言葉が学名tinctoriaや、英名にダイヤーズと付くように、初夏から秋にかけて咲く黄色い花は植物染料になる。花は十分に開ききったころに摘み取る。生、または乾燥させても使える。煮出すと黄色系の染め液になり、染色の媒染剤によって、黄、カーキ、オリーブグリーン系などの色合いに染まる。花色は、白や黄色系濃淡の園芸品種が多数あり、庭の彩りとして利用できる。

栽培のポイント：日当たり、排水良好の場所を好む。春先、前年の古い枝を切り戻すとよい。生長が早いため、鉢は根詰まりしないように年に1～2回は植え替える。

栽培データ　日当たり：☀　耐寒性：あり
草丈：50～60cm　広がり：30～50cm

	1	2	3	4	5	6	7	8	9	10	11	12
植え付け			■	■	■				■	■	■	
開花					■	■	■	■				
収穫						■	■	■				
挿し木					■	■		■	■			
株分け									■	■		

センテッドゼラニウム
Pelargonium spp.

フウロソウ科　木本
原産地：南アフリカ
別名/和名：ニオイゼラニウム／ニオイテンジクアオイ
利用部分：花、葉、茎
利用法：お茶、料理、ヘルスケア、クラフト、切り花、園芸

特徴：園芸品種のゼラニウムの葉には芳香と呼べるほどの香りはないが、ハーブのゼラニウムにはローズ系、フルーツ系、スパイス系、ミント系など、さまざまな香りがある。最も代表的な品種はローズゼラニウムで、バラと同様の香気成分を含み、葉に軽く触れるとバラの香りが漂う。全体の姿、花や葉の色、形もバラエティーに富んでいる。ポプリやサシェ、香りの花束にすると芳香あふれるものになる。

栽培のポイント：冬期は室内に入れるか、軒下などの日当たりのよい場所に移動する。排水が良好な土で乾燥気味に育てる。挿し木で殖やす。

栽培データ　日当たり：☀　耐寒性：なし
草丈／広がり：種、栽培品種により異なる

	1	2	3	4	5	6	7	8	9	10	11	12
植え付け			■	■	■				■	■	■	
開花				■	■	■						
収穫					■	■	■	■	■	■		
挿し木			■	■	■				■	■	■	

タンジー
Tanacetum vulgare

キク科　多年草
原産地：ユーラシア大陸
別名／和名：バチェラーズボタン／ヨモギギク
利用部分：葉、花
利用法：クラフト、染色、切り花、園芸

特徴：独特のビターな香気を虫が嫌うことから、かつてのイギリスでは、床にまいて清浄効果を利用していた。今日では料理に使うことはないが、17世紀まではさまざまなレシピがあり、復活祭の食卓に並ぶケーキにも使われていたという。初夏から秋にかけて咲く、黄色い小さなボタンのような花を乾燥させて、アレンジメントやポプリの彩りにする。布袋に詰めれば、防虫用サシェとして効果的。アブラムシを撃退するコンパニオンプランツとしても役立つ。

栽培のポイント：日当たりがよいのが望ましいが、半日陰でも育つ。繁殖力が強く、広がる。

栽培データ　日当たり：☀☀　耐寒性：あり
草丈：50cm～1m　広がり：50～80cm

1	2	3	4	5	6	7	8	9	10	11	12
		植え付け				植え付け					
				開花							
				収穫							
		株分け					株分け				

タデアイ
Polygonum tinctorium

タデ科　一年草
原産地：東南アジア
別名／和名：――／アイ、タデアイ
利用部分：葉
利用法：クラフト、染色、園芸

特徴：美しい藍色に染まる植物染料として昔から利用されてきた。藍染めには、かめの中で発酵させる染液を使う方法と、生葉で作る染液を使う2つの方法があるが、生葉の染液を利用するほうが手軽にできる。染液は濃い緑色だが、染液に浸した布が空気に触れることで藍色に発色する。藍色に染まる色素はインディゴと呼ばれ、この色素を持つ植物をすべてアイと呼ぶ。アイにはタデアイ以外にもいくつかある。アイで染めることを藍染め、インディゴ染めという。

栽培のポイント：日当たりがよく、湿り気のある場所を好む。種はコンテナか庭に直まきする。

栽培データ　日当たり：☀　耐寒性：なし
草丈：50～70cm　広がり：30～50cm

1	2	3	4	5	6	7	8	9	10	11	12
			種まき								
								開花			
							収穫				

ベニバナ
Carthamus tinctorius

キク科　一年草、二年草
原産地：エジプト、アジア南西部
別名／和名：スエツムハナ、クレノアイ、サフラワー／ベニバナ
利用部分：花、若い茎葉、種
利用法：ヘルスケア、クラフト、園芸

特徴：古くから染料植物として利用されてきた。日本へはシルクロードを経て渡来したとされ、奈良県の藤ノ木古墳からは花粉が出土している。エジプトのミイラの着衣はこの花で染められていたという。黄色と赤色の色素が含まれ、口紅の原料にもなり、食品の色づけにも利用される。若い茎葉は食用となり、種からはサフラワー油（紅花油）が搾油される。乾燥させた花弁は薬効のあるお茶となり、婦人病に対してよい働きをする。収穫は花弁の元が赤く色づき始めるころに行ない、陰干しにする。

栽培のポイント：直根性で移植を嫌う。梅雨時の多湿、夏の乾燥に注意する。日当たりを好む。
注意：妊娠中は使用しないこと。

栽培データ　日当たり：☀　耐寒性：半耐寒
草丈：50cm〜1.2m　広がり：30〜40cm

1	2	3	4	5	6	7	8	9	10	11	12
		植え付け									
				開花							
				収穫							

チーゼル
Dipsacus fullonum

マツムシソウ科　二年草
原産地：ヨーロッパ、アジア
別名／和名：――／オニナベナ
利用部分：頭花
利用法：クラフト、園芸

特徴：かつては薬として利用されていたこともあったという。今日ではクラフトや園芸に使用する目的で栽培されている。全体にトゲがあるために作業のときには注意が必要。すらっと伸びた枝の先にライラック色の花を集めて咲かせ、花の後にはトゲのある小苞葉が出現する（頭花）。ドライフラワーにした頭花を顔に見立てて作るクラフトは、チーゼル人形と呼ばれてイギリスの土産物店では人気商品。近縁種のフラーズチーゼル（D.sativus）は、開花後の頭花の小苞葉がカギ状に曲がっているため、毛織物の起毛に利用される。

栽培のポイント：日当たり、保水性のよい場所を好む。大きくなるため畑、庭植えに向く。

栽培データ　日当たり：☀　耐寒性：あり
草丈：1〜2m　広がり：30〜60cm

1	2	3	4	5	6	7	8	9	10	11	12
		植え付け									
						開花					
						収穫					
			株分け								

Ⅳ ハーブを使ってキュートなクラフト作り ● チーゼル／ベニバナ／ホップ／マートル

マートル
Myrtus communis

フトモモ科　木本
原産地：地中海沿岸、西アジア
別名／和名：──／ギンバイカ
利用部分：葉、花、果実
利用法：料理、クラフト、切り花、園芸

特徴：つやのある葉をもむと、かぐわしい香りが漂う。古代エジプト時代には繁栄の象徴であり、ローマ神話では愛と美の女神、ビーナスに捧げられたという。かつては幸福な結婚生活を願って、花嫁の持つブーケに必ず小枝を1～2本添え、新居の庭や玄関先にその枝を挿し木したという。初夏から夏にかけて、ウメに似た白い花を咲かせ、秋にはシックな黒色の実をつける。イタリアではこの実からリキュールが作られている。

栽培のポイント：日当たりがよく、乾燥した場所を好む。半耐寒性のため、地植えにする場合は南側で寒風を避けられる場所がよい。

栽培データ　日当たり：☀　耐寒性：半耐寒
草丈：1～2m　広がり：1～2m

1	2	3	4	5	6	7	8	9	10	11	12
		植え付け									
				開花							
			収穫								
			挿し木				挿し木				

ホップ
Humulus lupulus

クワ科　つる性多年草　雌雄異株
原産地：アジア西部
別名／和名：──／セイヨウカラハナソウ
利用部分：毬花（雌花）
利用法：お茶、クラフト、園芸

特徴：ビールに独特の香りと苦みを添えるホップは雌雄異株であり、雌株が栽培される。金平糖のような小さな花の開花後に黄緑色をした毬花をつける。毬花は苞葉が松かさのように重なり、苞葉の元にはルプリンと呼ばれる黄色い粉ができる。薬用として鎮静、催眠作用などがあり、植物性のエストロゲンも含まれる。酸化すると香りが異臭となりやすいため、収穫後は速やかに乾燥させ、香りの変化に気をつける。つるはよく伸び、緑のカーテンに利用できるが、全体にあるトゲに注意する。

栽培のポイント：生育旺盛。日当たり、排水のよい場所、冷涼な気候を好む。
注意：接触すると皮膚炎を起こすことがある。

栽培データ　日当たり：☀　耐寒性：あり
草丈：5m～　広がり：50cm～

1	2	3	4	5	6	7	8	9	10	11	12
		植え付け									
						開花					
							収穫				
		挿し木									

ミントマリーゴールド
Tagetes lucida

キク科　多年草
原産地：メキシコ
別名／和名：スイートマリーゴールド、メキシカンタラゴン／ニオイマンジュギク
利用部分：葉、花
利用法：お茶、料理、クラフト

特徴：黄色い小花を咲かせ、開花期間が長く、切り花や乾燥させてポプリなどのクラフトに利用する。中南米では葉と花を乾燥させ、お茶に利用するという。タラゴンに似た風味があるために代用されることから、メキシカンタラゴンとも呼ばれる。根の分泌物はセンチュウやナメクジの害に有効とされ、フレンチマリーゴールド（T.patula）と同様にコンパニオンプランツとして利用できる。近縁種のレモンマリーゴールド（T.lemmonii）にはレモンに似た芳香がある。

栽培のポイント：日当たりと排水のよい場所を好む。多年草だが、一般的には一年草扱いされている。

栽培データ　日当たり：☀　耐寒性：半耐寒
草丈：60cm〜1m　広がり：30〜50cm

1	2	3	4	5	6	7	8	9	10	11	12
		植え付け	植え付け	植え付け							
							開花	開花	開花		
								収穫			
		株分け	株分け					株分け	株分け		

マウンテンミント
Pycnanthemum pilosum

シソ科　多年草
原産地：北アメリカ
別名／和名：ヘアリーマウンテンミント／──
利用部分：花、茎葉
利用法：クラフト、園芸

特徴：やや銀色がかった緑の葉を持ち、全草にミントのようなすっきりした香りがある。枝の先にライラックピンク色の小花を集めて咲かせ、頭花となる。花が落ちた後の形は丸くユニークなため、ドライフラワーとしても利用できる。茎や葉に毛が密に生えていることから、ラテン語で「有毛の、柔毛のある」を意味するpilosum（ピロスム）という学名がつけられたという。アメリカ先住民がこのハーブを消化、解熱剤とし、料理にも利用していたことから注目され、広まった。蜜源植物となる。

栽培のポイント：日当たり、排水のよい場所を好む。挿し芽、株分けで殖やすとよい。

栽培データ　日当たり：☀　耐寒性：あり
草丈：1m前後　広がり：30〜70cm

1	2	3	4	5	6	7	8	9	10	11	12
		植え付け	植え付け								
								開花	開花		
								収穫	収穫		
		株分け	株分け					株分け	株分け		
			挿し芽	挿し芽							

ワームウッド
Artemisia absinthium

キク科　木本
原産地：ヨーロッパ、アジア、北アフリカ
別名／和名：アルセム、アブシント／ニガヨモギ
利用部分：茎葉、花穂
利用法：クラフト、園芸

特徴：ヨモギに似た切れ込みのあるシルバーグレーの葉を持ち、強い香りを放つ、苦みのあるハーブ。中世ではストローイングハーブの1つであった。かつてこの香りはアブサンなどのリキュールの香りづけに用いられていたが、向精神作用などがあることから、20世紀初めに製造販売が禁止された。駆虫、防虫作用があり、乾燥させた葉はモスバッグ(防虫用サシェ)やポプリに利用できる。畑や庭ではコンパニオンプランツとしての利用価値も高い。草姿が美しいため、園芸種も出回っている。

栽培のポイント：日当たり、通風しのよい場所を好む。
注意：妊娠、授乳中、幼児の使用は避ける。

栽培データ　日当たり：☀　耐寒性：あり
草丈：50cm～1m　広がり：50～80cm

1	2	3	4	5	6	7	8	9	10	11	12
	植え付け										
				開花							
				挿し木							
	株分け										

ラムズイヤー
Stachys byzantina

シソ科　多年草
原産地：コーカサス～イラン
別名／和名：スタキス／ワタチョロギ
利用部分：花、葉
利用法：クラフト、園芸

特徴：植物全体が銀色を帯びた柔らかな毛で覆われている。葉に触ると、まさに子羊の耳に触れているような感触。昔は薬として利用されていたが、今日ではクラフト用として使われる。濃いピンクの花が咲くと、シルバーグリーンの葉と相まって美しいハーモニーを見せる。ドライフラワーにするときれいに乾き、ポプリ、アレンジメントに利用できる。フレッシュな葉も香りの花束に使うと、葉色が引き立つ。

栽培のポイント：日当たり、排水のよい場所で、乾燥気味に育てる。十分に株間をとること。梅雨時や夏の高温多湿で蒸れないように注意する。

栽培データ　日当たり：☀　耐寒性：あり
草丈：20～80cm　広がり：30～50cm

1	2	3	4	5	6	7	8	9	10	11	12
		植え付け					植え付け				
						開花					
						収穫					
	株分け							株分け			

IV　ハーブを使ってキュートなクラフト作り
●マウンテンミント／ミントマリーゴールド／ラムズイヤー／ワームウッド

V
Let's enjoy HERB gardening

失敗しない、ハーブの育て方と楽しみ方

さまざまな色や形の葉、ひかえめに愛らしい花をつけて、
個性的な姿を見せるハーブたち。その生長を楽しみ、
小さな切り花はガラスのコップにさすだけでも素敵です。

ボリジ

育てる楽しみも、ハーブの魅力。

ハーブを育てて、
香りある暮らしへの一歩を踏み出しましょう。

育てたい品種が決まったら、ショップに出かけて苗選びです。
さて、どのコがいいかしら？
よい苗は葉に勢いがあり、色つやがよく、みずみずしいものです。
枝葉がまばらでヒョロヒョロっとしていたり、
株がぐらついているものはいけません。
全体にしっかりしている印象で、根詰まりしている様子がなく、
ポットを返して底をのぞいて白いきれいな根が見えれば元気な証拠です。
葉の様子もよく観察して、
病気の心配がなさそうで、虫がついていないことも確認しましょう。

まず、ハーブを育ててみよう

収穫が楽しみなハーブだけれど、栽培はもっと楽しい！
ハーブには丈夫な品種も多いので、栽培も容易です。

ハーブを丈夫に育てる三原則

ハーブを育てるときに大切なことは、
①日照、②水やり、③風通しです。

ほとんどのハーブは、お日様が大好きです。一日4～6時間以上直射日光が当たるところで育てましょう。地植えの場合、基本的に水やりは必要ありません。
ただし、排水が悪い場所は土壌の改善が必要なため、腐葉土や堆肥をすき込みます。特に排水が悪い場合は、地面を50㎝以上掘って、底に軽石を敷きつめるなどの作業が必要になります。

風通しはよすぎても無風でもよくありません。特に風がいつも強く吹く場所は、枝や葉から水分が奪われるため、ハーブが枯れる原因となります。

ハーブ栽培のコツ

ハーブを育てるコツは、「毎日様子を見て、もし枯らしても気にしないこと」です。

特にコンテナ栽培のハーブは、限られた場所で生活しなければなりません。買ってきた苗が、必ずしもあなたの家の環境に合うとも限りませんし、水やりを忘れたり、肥料を不必要にやりすぎたりしても枯れてしまうことがあります。

ただ、ハーブは丈夫な品種も多いので、多少のことなら大丈夫です。はじめから栽培上手な人はいません。原因を究明したら、何度でも再チャレンジしましょう。

コンテナでハーブを育てる

はじめは、育てやすく利用しやすいハーブを選び、1種類のハーブを育てるだけでもよいのです。1鉢1種類でもキッチンの日の当たる場所に数鉢置けば、小さなハーブガーデンの誕生です。ハーブを身近で育てることから、すべては始まります。

GARDENING HERB CONTAINER

銀色の茎と葉に小さな紫色の花をつけるロシアンセージに、紫色の茎が印象的なトリカラーセージを合わせて、表情豊かなとっておきのコンテナに。

ガーデニングに使うハーブを寄せ植えしたコンテナ
- トリカラーセージ
- デッドネトル
- ロシアンセージ

ハーブガーデンで育てて使う楽しみ

ハーブには多くの種類があります。育てるときは、栽培特性を確認しておきましょう。

寄せ植えで気をつけたいこと

いくつかのハーブを寄せ植えするときは、栽培特性が同じものにします。

苗を選ぶ際には、ポットについているラベルをよく読み、日当たり、耐寒性、水の好き嫌いなど、栽培条件が同じものにします。ハーブの生まれ故郷、原産地が同じなら水やりも日当たりもほぼ共通していますから、育て方は同じと考えてよいでしょう。

次に、花の色や開花時期、葉の色、質感、株全体の大きさ、収穫期なども考慮しましょう。寄せ植えには飾る楽しみもあるので、生長した姿を想像して、バランスよく配植します。

生長してきたら、切り戻しや肥料やりをし、よい状態を維持するには、季節ごとの手入れも必要です。

ハーブの庭作り

ハーブの庭作りは、お茶、料理、クラフトなど利用目的を明確にして用途別にまとめると機能的です。また、ピンク、ブルー、ホワイトなどの花色と、葉のカラーをテーマにした庭や、ハーブと草花を混植するコテージガーデン風、キッチンで使うハーブと野菜を美しく植栽するポタジェ風などとしてもよいでしょう。

庭の広さ、方角、風の通り具合、日照の変化（季節ごとに何時ごろ、どの方向から日が差し、午後はいつごろ日が陰るのか）、などを知っておくと、庭のプランニングや苗選びの参考になります。特に庭では、植物が生長してくると種類がまぎれやすくなるため、注意が必要です。

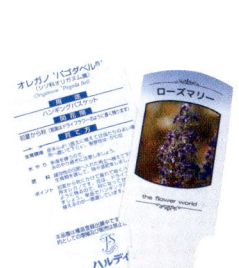

GARDENING HERB CONTAINER

個性的で可愛い葉や花を楽しむ組み合わせ。オレガノケントビューティーのユニークな花に、タンジーの丸く黄色い小花がアクセント。

ガーデニングに使うハーブを寄せ植えしたコンテナ
- オレガノケントビューティー
- タンジー
- シルバータイム

苗についているラベル、これが苗のプロフィール。書かれている情報は、苗を決めるポイントに。栽培のヒントも得られる。

V 失敗しない、ハーブの育て方と楽しみ方 ●まず、ハーブを育ててみよう／ハーブガーデンで育てて使う楽しみ

緑の彩りを楽しむハーブの庭

庭にハーブがあれば、花が咲いているときはもちろん、花が咲いていなくても、利用して楽しめます

秋のハーブガーデン

小径に奥行きのある期待感を持たせるために、通路にカーブをつけています。ハーブの庭はさまざまな緑の彩りを楽しめます。花が終わった秋のはじめ、小径に張り出したローズマリーは触れると香り、夏を除いて一年中花をつけてくれます。右にローズマリーマジョルカピンク、左の白鉢はストエカスラベンダー(白花)。

V 失敗しない、ハーブの育て方と楽しみ方 ● 緑の彩りを楽しむハーブの庭

庭でのコンテナの利用

庭にコンテナを配置し、フォーカルポイントにすると、キュートなアクセントになります。地植えできないものを育てるなど、コンテナの役割は多彩です。

個性派プランター

小さな箱がトレーに並んだユニークなコンテナ。これは、種まきから育てるハーブが生長する過程で利用します。どれかを大きくしようと決めて鉢上げ後、ここに仮植えし、地植えや大型プランターに定植するまでの育成場所です。種から生まれたおチビさんが、一人前に育つまでの段階的な時期も、庭のおしゃれなコーナーとして楽しめます。

盆栽風に仕立てる

苗を買う際、姿がユニークなハーブを見つけたら、和鉢に植え込んで盆栽風に仕立ててみましょう。葉が松葉のように見えるローズマリーやコモンタイムなど、木本性のハーブがおすすめです。

● コーディネート

● ブルーキャットミント

● 手作り鉢カバー

● サラダバーネット

● インテリア感覚

● ローズマリー

● 和鉢

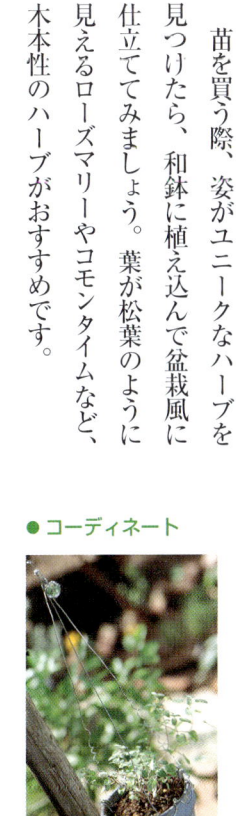

● サントリーナローズマリー

● 個性派プランター

● チャイブ
● フェンネル
● マスタードグリーン
● スイスチャードなど

インテリア感覚で楽しむ

海外の雑貨などを売っているショップで見つけた小さなジョウロの底に穴を開け、排水をよくしてローズマリーを植え込んだものです。深さのあるものなら排水性を確保すれば、こうして鉢代わりに利用できます。ただし、鉢の深さによっては鉢底石の厚さを考慮しましょう。

鉢カバーを手作り

ワイヤーで鉢カバーを手作りし、庭の木につるします。これは、鉢に植え込みはせず、買ってきたポットのまま入れます。苗を庭のどこに植え付けるか思案する間や、植える時間がないときなど、グリーンを楽しむスポットになります。

鉢色と花色をコーディネート

ブルーキャットミントの花色に合わせてブルーの鉢に植えています。ハーブの花色に鉢色をそろえると開花がとても楽しみになり、咲いたときもおしゃれです。鉢カバーは、ワイヤーでの手作りです。

ガーデニングレシピ

着せ替えを楽しむように
2段重ねのコンテナ

スイートマジョラム

コンテナを2段重ねしてお気に入りのハーブを楽しもう。上にのせるコンテナは、開花時期などで差し替えることができる。

材料 サイズの違うコンテナ各1個　植え込むハーブ、鉢底石、ハーブ用土各適量

作り方
P151の苗の植え付け手順を参照し、大小のコンテナにハーブを植え込む。下段のコンテナは正面を決め、コンテナを重ねるスペースを空けて手前に植えること。

上段のコンテナはスイートマジョラム

上段のコンテナはコモンタイム

上段のコンテナはミニバラ

下段のコンテナのハーブは、シルバータイム、ペパーミント、パイナップルミント。

ローズマリーで作る
クリスマスコンテナ

ローズマリー

クリスマスカラーにペイントしたコンテナに、苗ポットのままポンと入れて飾るだけのハーブのクリスマスツリー。クリスマスが終わったら、飾りを外し、ほかのコンテナに植え込んだり、地植えにする。まずはツリーにちょうどいい苗を探すことから始めよう。

材料 ツリー用のローズマリーの苗1本　苗のポットが入るサイズの素焼きのコンテナ1個　アクリル絵の具、または耐水性のあるペンキ適量　ゴールドにペイントされた松かさなど適量（クリスマス用のクラフトを扱う手芸店などで手に入る）　飾り用：野バラの実、ゴールド色のビーズ各適量　トップのオーナメント1個

作り方
コンテナを赤や緑、ゴールドやシルバーにペイントし、乾いたら、苗をポットのままコンテナに入れる。株もとに松かさなどを敷きつめ、ポットが見えないように隠す。ビーズやスワロフスキーなどで飾り付ける。

バスケットを再利用する
バスケットコンテナ

レモンバーム

生花を楽しんだ後のバスケットをコンテナに再利用。オアシスのためにビニールが内張りされていて流用は手軽！ バスケットのほか、外国製の缶や紙箱もビニールをセットして底に穴を開ければコンテナに！

材料 再利用のバスケット1個 バスケットの大きさに合わせたサイズのビニール袋か、ビニールシート適量 植え込むハーブ、鉢底石、ハーブ用土各適量

作り方
バスケットの底にビニール袋をセットし、バスケットの口の位置に合わせてビニールを切り取る。底部分のビニールに排水用の穴を数ヵ所開け、P151を参照して苗を植え込む。花かごを流用する場合、すでにビニールが張ってあるために穴を開けるだけでOK。

寄せ植えしたハーブ
レモンバーム、スイートマジョラム、サラダバーネット、サフランの球根、ブラキカム、ディアスシア

写真右下のゴールデンタイムに寄せ植えしたブラキカム・ミニイエローが開花！ 次から次へとつぼみを付けて花を長く楽しめる。

生花用アレンジメント用容器を使う
コンテナリース

タイム

材料 ドーナツ型アレンジメント用容器1個 つり下げ用フック1本 植え込むハーブ、水苔、U字ピン、ハーブ用土各適量 リボン適量

作り方
アレンジメント用容器にフックを取りつけ、天地の位置決めをする。カッターなどで排水用の穴を開け、P151を参照してバランスよく苗を植え込む。苗間のすき間が見えるようなら、水苔をU字ピンで留めて張り、土こぼれをカバーして仕上げにリボンを飾る。平らな所に10日〜2週間ほど置き、土が落ち着いたのを確認してから掛ける。水やりの際はリースを下ろし、平らな場所でたっぷり与え、水がきれてから掛けること。

V 失敗しない、ハーブの育て方と楽しみ方 ● 2段重ねのコンテナ／クリスマスコンテナ／バスケットコンテナ／コンテナリース

ガーデニングのハーブ図鑑

エルサレムセージ
Phlomis fruticosa

シソ科　木本
原産地：地中海沿岸、ヨーロッパ南部
別名／和名：フロミス・フルティコサ／――
利用部分：地上部
利用法：クラフト、園芸

特徴：わずかに芳香のあるグレーがかった緑色の葉と、明るい黄色の花のコントラストが美しい。茎に輪生して段状に咲く花の咲き方にも特徴があり、ヨーロッパでは昔から庭木として栽培されていたという。学名のfruticosaには、ラテン語で「低木の」という意味がある。シソ科サルビア属のセージとは異なるが、セージの代わりに利用されたことからこの呼び名がついたとされる。花色は乾燥後も美しいため、ドライフラワー、ポプリなどに利用できる。花は2年目から開花する。

栽培のポイント：半耐寒性のために冷涼地では防寒をする。乾燥した日当たりのよい場所を好む。

栽培データ　日当たり：☀　耐寒性：半耐寒
草丈：50cm〜1.2m　広がり：30〜50cm

	1	2	3	4	5	6	7	8	9	10	11	12
植え付け				植え付け								
開花					開花							
収穫						収穫						
挿し木						挿し木						

イカリソウ
Epimedium grandiflorum

メギ科　多年草
原産地：日本
別名／和名：インヨウカク／イカリソウ
利用部分：茎葉
利用法：ヘルスケア、園芸

特徴：細長い距を四方に伸ばし、下向きに咲く小さな花の姿が船の錨(いかり)のように見えることからこの名がつけられたという。おもに山林の木陰に自生し、淡い紫色や白色の花は、春、葉に先立って咲く。インヨウカクは生薬名であり、中国での呼び名がそのまま日本のイカリソウにもつけられた。中国の古書、本草書には強壮、強精作用などがあると紹介され、李時珍の『本草綱目』にはインヨウカクの名前の由来が書かれている。5〜6月ごろに収穫し、乾燥させて薬用酒に利用される。多くの園芸種があり、庭や鉢栽培の山野草としても珍重される。

栽培のポイント：庭植えの場合は落葉樹の下がよい。真夏の直射日光は避けること。

栽培データ　日当たり：☀　耐寒性：あり
草丈：20〜40cm　広がり：20〜30cm

	1	2	3	4	5	6	7	8	9	10	11	12
植え付け				植え付け								
開花				開花								
収穫					収穫							
株分け			株分け								株分け	

オリーブ
Olea europaea

モクセイ科　木本
原産地：北アフリカ、地中海沿岸
別名／和名：──／オリーブ
利用部分：果実、葉
利用法：お茶、料理、ヘルスケア、クラフト、園芸

特徴：栽培の歴史は古く、紀元前3世紀には始まっていたといわれる。オリーブは平和の象徴とされ、ノアの方舟から放たれたハトが最初にくわえてきた枝がオリーブであったという。初夏、クリーム色の小さな花を咲かせ、その後に果実ができる。若い果実は緑色で、熟すと黒紫色になる。緑の実は若いとき、黒い実は熟してから収穫する。収穫後そのままでは渋みがあるため、塩漬けやオイル漬けなどに加工される。果実は圧搾して油を採り、オリーブオイルとなる。不飽和脂肪酸を含み生活習慣病によいと注目されている。葉はお茶として利用する。

栽培のポイント：日当たり、排水のよい場所を好む。植え付けのときは深く耕しておくと根付きやすくなる。

栽培データ　日当たり：☀　耐寒性：半耐寒
草丈：1m〜　広がり：3m〜

1	2	3	4	5	6	7	8	9	10	11	12
		植え付け									
			開花								
								収穫			
				挿し木					挿し木		

オケラ
Atractylodes japonica

キク科　多年草　雌雄異種
原産地：日本（東北以南）、朝鮮半島、中国東北部
別名／和名：ウケラ／オケラ
利用部分：根茎、若芽、花
利用法：料理、ヘルスケア、クラフト、園芸

特徴：アザミに似た白色の花を咲かせ、茶花などに用いられることが多い。梅雨時の湿気取りやカビよけなどに用いられ、古くから人々の暮らしと結びついてきた。ウケラは古名であり、『万葉集』にも詠まれている。根茎の外皮を除き、乾かしたものは健胃、整腸、利尿作用などのある生薬となり、白朮と呼ばれる。邪気を祓う力があるとされ、年始に飲む屠蘇散に配合される。また京都、八坂神社で大晦日から元旦にかけて行われる神事、朮祭の篝火に用いられ、参拝者は邪気祓い、無病息災を願ってその火を火縄に移して持ち帰る。春早く芽吹き、若い芽は食用となる。

栽培のポイント：日当たり、排水を良好にする。

栽培データ　日当たり：☀　耐寒性：あり
草丈：30cm〜1m　広がり：40〜50cm

1	2	3	4	5	6	7	8	9	10	11	12
		植え付け									
								開花			
		若芽の収穫						根茎の収穫			
									株分け		

カラミント
Calamintha nepeta

シソ科　多年草
原産地：ヨーロッパ
別名／和名：カラミンサ、コモンカラミント／──
利用部分：茎葉、花
利用法：料理、クラフト、園芸

特徴：初夏から秋にかけて、白に近い薄紫色の小さな花を次々と咲かせる。花形はシソ科特有の唇形花である。葉に触れるとミントに似た強い香りが漂う。古代では強心薬とされ、薬用ハーブとしての地位を確立していたというが、今日では薬としての利用はほとんどされない。葉の持つ風味を生かして少量を肉、魚料理に、花を冷たい飲み物の香りづけなどに用いる。庭に植えると花期が長く、淡い花色が涼しげで、ふと触れたときに立つ葉の香りがさわやかである。

栽培のポイント：日当たり、排水が良好な場所を好む。
注意：妊娠中は使用しないこと。

栽培データ　日当たり：☀　耐寒性：あり
草丈：30〜60cm　広がり：30〜50cm

1	2	3	4	5	6	7	8	9	10	11	12
		植え付け				植え付け					
				開花							
					収穫						
		株分け					株分け				

オリス
Iris germanica var. florentina

アヤメ科　多年草
原産地：不明
別名／和名：イリス／ニオイイリス
利用部分：根茎
利用法：クラフト、園芸

特徴：古代ギリシャ、ローマ時代から香料植物として用いられている。ハナショウブに似た淡い紫がかった花を咲かせ、根茎にはスミレの香りがあり、採取されるオイルは香水の原料となる。細かくして乾燥させたものをポプリの保留剤とする。この属の仲間はさまざまな花色があることから、学名はイリス（iris＝ギリシャ語で虹の意）とつけられた。オリスはイリスに由来し、芳香のある根茎の粉末を表す言葉とされる。香りは、根茎を収穫、乾燥後に年数を経てよくなる。かつては薬用もされたが、今日では保香料としての利用が中心である。

栽培のポイント：日当たりがよく乾いた場所。連作不可。
注意：生葉と根茎に毒性があり、取り扱いに注意する。

栽培データ　日当たり：☀　耐寒性：あり
草丈：50〜80cm　広がり：30cm〜

1	2	3	4	5	6	7	8	9	10	11	12
								植え付け			
				開花							
							収穫				
		株分け						株分け			

観賞用セージ
Salvia spp.

シソ科　多年草、一年草、二年草
原産地：ヨーロッパ、アジア、北アメリカ、南アメリカ
利用部分：花
利用法：クラフト、切り花、園芸

特徴：薬用、料理用のハーブとして知られているが、セージには花の美しい品種が多くある。このため、花と香りの両方を楽しめる観賞用としての園芸的価値が高まっている。花色はチェリーレッド、赤、青、紫とバラエティーに富み、開花期間も長い。葉に香りがある品種も多く、フルーティーな香りを持つ品種には、フルーツセージやパイナップルセージなどがある。チェリーセージは香りもよいが、花色はサクランボを思わせて愛らしい。秋に開花するメキシカンブッシュセージや、ラベンダーセージの濃い紫色の花色は秋の庭によく合う。

栽培のポイント：日当たり、排水、風通しのよい場所を好む。高温多湿で蒸れないように注意すること。

栽培データ　日当たり：☀　耐寒性：品種によって異なる　草丈／広がり：品種によって異なる

1	2	3	4	5	6	7	8	9	10	11	12
		植え付け									
				開花							
				収穫							
			挿し木								
			株分け								

観賞用オレガノ
Origanum spp.

シソ科　多年草
原産地：ギリシャ～アジア西部
利用部分：花
利用法：クラフト、切り花、園芸

特徴：オレガノは、料理用（P53に掲載）と観賞用に大別され、観賞用オレガノはギリシャのクレタ島周辺によく見られる品種が多い。白からピンク色の花をつけ、多くは花を保護する苞に包まれている。その形がユニークなことから、観賞用としての価値が高まり、確立したグループとして認められ、親しまれている。代表的な品種は、オレガノケントビューティー、オレガノプルケルム、オレガノヘレンハウゼン、ゴールデンオレガノなど。

栽培のポイント：日当たり、排水がよく、乾燥した場所を好む。間引いて風通しをよくすること。梅雨時、秋から冬期はなるべく雨に当てないこと。

栽培データ　日当たり：☀　耐寒性：品種によって異なる　草丈／広がり：品種によって異なる

1	2	3	4	5	6	7	8	9	10	11	12
		植え付け									
				開花							
				収穫							
			挿し木								

クロモジ
Lindera umbellata

クスノキ科　木本　雌雄異株
原産地：日本
別名／和名：チョウショウ／クロモジ
利用部分：樹皮、枝葉、根皮
利用法：クラフト、ヘルスケア、園芸

特徴：早春、明るい緑色の若葉とともに黄色い愛らしい小花を咲かせ、春の訪れを知らせてくれる花木となる。花後にできる実は秋に黒く熟す。樹皮や枝葉にはさわやかな芳香があり、水蒸気蒸留で採取されるオイル（クロモジ油）は香料として利用される。根皮は薬用となり、抗菌、消炎などの作用があるとされる。クロモジの名は、樹皮の様子からついたという説があり、若い枝は緑色だが、生長につれて暗緑色となり、樹皮に現れる黒い斑点を文字のように見たことによる。つまようじなどにも加工されるため、つまようじの別名をクロモジという。チョウショウは生薬名。

栽培のポイント：肥沃で排水良好の場所を好む。
栽培データ　日当たり：☀　耐寒性：あり
草丈：1～3m　広がり：1m～

	1	2	3	4	5	6	7	8	9	10	11	12
植え付け		植え付け										
開花		開花										
収穫				収穫								

グラウンドアイビー
Glechoma hederacea ssp. hederacea

シソ科　多年草
原産地：ヨーロッパ、北アジア
別名／和名：グレコマ／セイヨウカキドオシ
利用部分：茎葉、花
利用法：料理、ヘルスケア、園芸

特徴：庭やコンテナを彩る園芸植物として知られているが、紀元前2世紀にはこのハーブの効用に気づいていたといわれ、昔から民間薬として用いられていたという。ヨーロッパでは17世紀初頭まで、ビールのような飲み物「エール」を製造するときの風味づけや、液体の透明度と保存性を高めるために使われていた。若い葉は食用としてサラダなどに添えられ、葉の浸出液はうがい液となる。近年の研究で、日本に自生するカキドオシには血糖値降下作用があることが分かってきた。カキドオシという呼び名は、垣根を通り越して伸び広がることに由来する。

栽培のポイント：適度な湿度があれば日陰でも育つ。
栽培データ　日当たり：☀◐◯　耐寒性：あり
草丈：5～10cm　広がり：1m～

	1	2	3	4	5	6	7	8	9	10	11	12
植え付け			植え付け									
開花				開花								
収穫				収穫								
株分け			株分け					株分け				

スイートバイオレット
Viola odorata

スミレ科　多年草
原産地：ヨーロッパ
別名／和名：──／ニオイスミレ
利用部分：花、葉
利用法：お茶、料理、クラフト、園芸

特徴：まだ寒さが残る早春から咲き始め、甘い香りを漂わせて春の訪れを知らせてくれる。ハート形の葉からはオイルが採取され、香水の原料となる。濃い紫色の花は食用花としてサラダの彩り、シロップの風味づけなどに利用され、花びらに砂糖をかけた砂糖菓子はケーキなどに添えられる。古代ローマ人はこの花からワインを作り、古代ブリテン人は化粧品に用いた。バイオレットという名はギリシャ神話に由来し、香りとともに可憐な草姿が愛され、絵皿やティーセットなどのモチーフに描かれる。花、葉のお茶は不眠症、せき止めによいとされる。

栽培のポイント：肥料の与えすぎは開花に影響するため注意する。夏は半日陰になる場所がよい。

栽培データ　日当たり：☀☀　耐寒性：あり
草丈：10〜15cm　広がり：20〜30cm

1	2	3	4	5	6	7	8	9	10	11	12
								植え付け			
	開花										
	収穫										
			株分け					株分け			

コーンフラワー
Centaurea cyanus

キク科　一年草
原産地：ヨーロッパ
別名／和名：ブルーボトル／ヤグルマギク
利用部分：花
利用法：料理、ヘルスケア、クラフト、園芸

特徴：青い花が印象的なコーンフラワーは、かつてイギリスでは小麦畑の雑草であったという。別名のブルーボトル(bluebottle)は、つぼみの形が卵形で壺に似ていることに由来する。花の浸出液には収れん、消炎作用などがあり、薬としても利用され、マウスウォッシュ、シャンプー、ヘアトニックなどに用いられる。生の花は食用花となる。また青い花からは青色顔料が生産され、インク、ペンキなどに利用される。乾燥させても色が美しく、ドライフラワー、ポプリなどにも使われている。

栽培のポイント：長日植物。日当りのよい場所を好む。

栽培データ　日当たり：☀　耐寒性：あり
草丈：50cm〜1m　広がり：20〜30cm

1	2	3	4	5	6	7	8	9	10	11	12
								種まき			
		植え付け									
				開花							
				収穫							

V　失敗しない、ハーブの育て方と楽しみ方
●グラウンドアイビー／クロモジ／コーンフラワー／スイートバイオレット

デッドネトル
Lamium maculatum

シソ科　多年草
原産地：ヨーロッパ、北アフリカ、西アジア
別名／和名：ラミウム／──
利用部分：地上部
利用法：料理、ヘルスケア、クラフト、園芸

特徴：日本各地の道端や、野原などで見られるホトケノザやオドリコソウの仲間である。学名(Lamium)は、花の形にちなみ、ギリシャ語で「のど」を意味する。英名のデッドネトル(dead nettle)は、ネトル(イラクサ)のような鋭いトゲがないことからつけられ、「トゲのないネトル」という意味。若い葉は湯がいておひたし、スープなどに食用もできるといわれる。民間療法では乾燥させた全草に消炎作用があるとされ、入浴剤などに利用する。生育旺盛で走出枝が伸び広がり、日陰でも育つ。グランドカバープランツにもなり、さまざまな品種がある。

栽培のポイント：湿り気を好む。開花後、梅雨前に軽く切り戻す。梅雨時や秋の長雨で株が弱りやすいために注意。

栽培データ　日当たり：☀︎◐　耐寒性：あり
草丈：15〜20cm　広がり：30〜50cm

1	2	3	4	5	6	7	8	9	10	11	12
		植え付け									
			開花								
			収穫								
			株分け								

チェイストツリー
Vitex agnus castus

クマツヅラ科　木本
原産地：南ヨーロッパ
別名／和名：イタリアニンジンボク、モンクスペパー／セイヨウニンジンボク
利用部分：全草、果実
利用法：ヘルスケア、園芸

特徴：夏から秋にかけてライラック色の花を円錐形に密に咲かせる様子は美しく、全草に芳香がある。秋に実る果実は、かつて胡椒の代用とされた。学名のagnusには子羊、castusには処女という意味があり、制淫剤として修道院などで用いられたことを表し、「修道士の胡椒(Monk's Pepper)」とも呼ばれる。英名のチェイストツリー(Chaste tree＝純潔の樹)は、古代、アテネの婦人が貞節を守るために葉をベッドに置いたことに由来する。更年期障害など、女性特有の疾患にも有用とされる。

栽培のポイント：日当たり、排水が良好な場所を好む。
注意：妊娠、授乳中の使用、薬との併用、過剰摂取はしない。

栽培データ　日当たり：☀︎　耐寒性：あり
草丈：1.5〜3m　広がり：3〜5m

1	2	3	4	5	6	7	8	9	10	11	12
		植え付け									
						開花					
							収穫				
			挿し木								

ハニーサックル
Lonicera periclymenum

スイカズラ科　木本
原産地：ヨーロッパ、北アフリカ、西アジア、東南アジア
別名／和名：ウッドバイン／ニオイニンドウ
利用部分：花
利用法：クラフト、染色、園芸

特徴：初夏のころ、甘くさわやかな香りの花を咲かせ、日の落ち始める夕方から強く香る。冬は落葉するつる性植物で、別名のウッドバインはほかの木に絡んで伸びる性質からつけられた。英名のハニーサックルは、この花蜜をミツバチが好んで集まることに由来するという。5cm程度の花弁の外側は赤、内側はクリーム色で、咲き進むと黄色くなるのが特徴。園芸品種も多くある。日本が原産地の一部になっているスイカズラの花は、葉液に2つずつ並んで咲き、花色が白から黄色に咲き進むため、金銀花とも呼ばれる。また薬用にもなる。

栽培のポイント：日当たりから明るい半日陰に。嫌石灰性。
注意：花後にできる赤い実は有毒である。

栽培データ　日当たり：☀☁　耐寒性：あり
草丈：5～6m　広がり：1m～

1	2	3	4	5	6	7	8	9	10	11	12
植え付け	植え付け	植え付け									
				開花	開花	開花	開花				
					収穫	収穫	収穫	収穫			
						挿し木	挿し木				

ニゲラ
Nigella sativa / N.damascena

キンポウゲ科　一年草
原産地：地中海沿岸、アジア南西部
別名／和名：カロンジ、ブラッククミン／クロタネソウ
利用部分：花、種子
利用法：料理、クラフト、切り花、園芸

特徴：品種名は、種が黒いことからラテン語で「黒」を意味するnigerに由来する。初夏のころ白い花を咲かせるニゲラサティバは、別名をブラッククミンという。その種子はスパイスとしておもにインドや中近東諸国で利用されている。最近では、花の大きなクロタネソウ（ニゲラダマセナ）がニゲラとして通っている。こちらは青い花をつけ、ラブインナミストというロマンチックな別名でも呼ばれて親しまれている。いずれも開花後の丸くふくらみのある果実がドライフラワーに利用できる。

栽培のポイント：日当たり、排水のよい場所を好む。嫌光性種子のため、種は直まきして覆土を厚めにする。摘心して側枝を伸ばす。

栽培データ　日当たり：☀　耐寒性：あり
草丈：30～40cm　広がり：30cm～

1	2	3	4	5	6	7	8	9	10	11	12
								種まき	種まき	種まき	
				開花	開花	開花	開花				
					収穫	収穫	収穫				

V 失敗しない、ハーブの育て方と楽しみ方 ● チェイストツリー／デッドネトル／ニゲラ／ハニーサックル

ビューグル
Ajyuga reptans

シソ科　多年草
原産地：ヨーロッパ
別名／和名：アジュガ、ヨウシュジュウニヒトエ／セイヨウキランソウ
利用部分：地上部
利用法：クラフト、園芸

特徴：かつては止血や鎮痛作用のあるハーブとして利用されていたこともあったが、現在では薬としての利用はなく、観賞用として園芸的に用いられている。走出枝をよく伸ばして広がることから、種小名はラテン語で「ほふく性」という意味のある語、レプタンス（reptans）とつけられたという。多くの園芸種があり、生育旺盛なためにグランドカバープランツとなり、日陰でも育つことからシェードガーデンに欠かせない。春から初夏にかけて、一面に開花する姿は美しい。

栽培のポイント：半日陰で湿り気のある場所を好む。鉢植えは水切れに注意すること。

栽培データ　**日当たり**：☀ ☀　**耐寒性**：あり

草丈：15～20cm　**広がり**：20cm～

1	2	3	4	5	6	7	8	9	10	11	12
		植え付け									
			開花								
			株分け					株分け			

ヒソップ
Hyssopus officinalis

シソ科　多年草
原産地：地中海沿岸、西アジア
別名／和名：──／ヤナギハッカ
利用部分：花、葉、茎
利用法：お茶、料理、クラフト、園芸

特徴：初夏から夏にかけて、青紫色の花を枝先いっぱいに咲かせる姿の美しいヒソップ。歴史のあるハーブで、語源はヘブライ語のezof（holy herb）にあり、神聖なる場所を清めるために使われたという。かつては薬や酒作りに用いられており、昔の本草書には薬効や作り方が掲載され、10世紀にはヨーロッパに広まり、修道院製のベネディクティンというリキュールが作られた。室内を清浄する目的で床にまくハーブとしても利用された。美しい花は桃色や白色もあり、チョウが嫌うコンパニオンプランツにもなる。少量なら料理、お茶として利用できる。

栽培のポイント：高温多湿は苦手。日当たりよい場所に。
注意：妊娠中、高血圧の人は摂取しないこと。

栽培データ　**日当たり**：☀　**耐寒性**：あり

草丈：30～60cm　**広がり**：30～50cm

1	2	3	4	5	6	7	8	9	10	11	12
		植え付け						植え付け			
				開花							
				収穫							
			挿し木								

フォックスグローブ
Digitalis purpurea

ゴマノハグサ科　二年草または、多年草
原産地：地中海沿岸
別名／和名：ジギタリス／キツネノテブクロ
利用部分：花
利用法：園芸

特徴：暮らしに役立つハーブの中にも有害なものがあり、フォックスグローブはその1つ。かつては心臓病薬の原料とされたが、現在では観賞用ハーブとして扱われている。イギリスでは花の内側の斑点は、妖精が指でつけた有毒の目印とされ、「フェアリーフィンガー」など、妖精にちなんださまざまな呼び方をしている。多くの園芸品種があり、種まき後の2年目から開花する。白、ピンク、紫色などの花が丈高く咲く様子は、洋風の庭にひときわ映える。

栽培のポイント：日当たり、排水のよい場所を好む。
注意：有毒のため、観賞以外の利用は避けること。特に子供には要注意。

【栽培データ】　日当たり：☀　耐寒性：あり
草丈：1～1.5m　広がり：40～70cm

1	2	3	4	5	6	7	8	9	10	11	12
		種まき					種まき			
		植え付け									
			開花								

フィーバーフュー
Tanacetum parthenium (Matricaria parthenium)

キク科　多年草
原産地：西アジア、ヨーロッパ東南部
別名／和名：マトリカリア／ナツシロギク
利用部分：花、葉
利用法：お茶、ヘルスケア、クラフト、園芸

特徴：古代ギリシャ、ローマ時代より薬用され、早春から白いデージーに似た花をたくさん咲かせる。ギリシャの哲学者プルタークが著した書物によると、学名につけられたpartheniumの由来は、パルテノン神殿から落下した労働者の命がこのハーブを用いて助かったことにちなむという。英名のフィーバーフュー(feverfew)は、ラテン語のfebris(fever＝熱病)とfugare(to drive away＝追放する)という言葉に由来する。解熱、強壮、通経、駆虫作用などがあるとされ、近年では偏頭痛を予防、治療する働きが高いことが検証されつつある。

栽培のポイント：長日植物。春まきの開花は1年後。
注意：妊娠中は使用しない。抗凝固剤と一緒に用いない。

【栽培データ】　日当たり：☀　耐寒性：あり
草丈：50～60cm　広がり：30～60cm

1	2	3	4	5	6	7	8	9	10	11	12
			植え付け					植え付け		
				開花							
				収穫							
					挿し木			挿し木		
			株分け					株分け		

ベルガモット
Monarda didyma

シソ科　多年草
原産地：北アメリカ
別名／和名：モナルダ、ビーバーム／タイマツバナ
利用部分：花、葉
利用法：お茶、料理、クラフト、染色、園芸

特徴：葉に触れると、ベルガモットオレンジで香味をつけるアールグレーティーに似た香りがする。アメリカ先住民の人々は、昔から薬用植物としていた。和名のタイマツバナは赤い花色で、花形が篝火をたいたように見えることから付けられた。ベルガモットの仲間には白、ピンク、紫などの花色があり、葉の香りもミント系、レモン系などの品種がある。花蜜が多く、ミツバチが集まるために、ビーバームとも呼ばれる。

栽培のポイント：日当たりのよい場所を好む。生育は旺盛だが、うどん粉病にかかりやすいために風通しをよくし、開花後は刈り込む。

栽培データ　日当たり：☀　耐寒性：あり
草丈：50cm〜1.5m　広がり：30〜80cm

1	2	3	4	5	6	7	8	9	10	11	12
				植え付け							
			開花								
				収穫							
			挿し木								
			株分け				株分け				

フラックス
Linum usitatissimum

アマ科　一年草
原産地：不明
別名／和名：リナム、リンシード／アマ
利用部分：茎、種
利用法：クラフト、園芸

特徴：夏、イギリスの田舎をドライブすると辺り一面を青く染めるフラックス畑に出合える。古くから栽培されており、古代エジプト人はこの繊維から作った布をミイラを包むために使用したという。種には緩下、抗炎症作用などがあるとされる。種からはオイルが採取され、そのかすは家畜のえさになるという。茎の繊維は張力、耐久性に優れており、糸や織物に加工される。無駄なく利用できる経済効果の高いハーブゆえに、学名は「最上級に有用な」という意味を持つ。ドライフラワーにしたり、種には冷却効果があるとされ、アイピローなどに用いられる。

栽培のポイント：日当たり、排水、風通しのよい場所に。
注意：青酸を微量に含むため、多量に用いないこと。

栽培データ　日当たり：☀　耐寒性：あり
草丈：50cm〜1.2m　広がり：30〜50cm

1	2	3	4	5	6	7	8	9	10	11	12
		植え付け									
				開花							
					繊維の収穫						
						種の収穫					

ユキノシタ
Saxifraga stolonifera

ユキノシタ科　多年草
原産地：日本、中国
別名／和名：コジソウ、キジンソウ／ユキノシタ
利用部分：葉
利用法：料理、ヘルスケア、園芸

特徴：春から初夏にかけ、白色で大文字草に似たユニークな形の花を咲かせる。根元から出る細い走出枝が伸びて土に届くと出根して殖える。江戸時代には観賞用として庭先に植えられていたが、民間薬としても用いられていたという。コジソウ(虎耳草)は生薬名で、漢名と同じである。耳の疾患、やけど、むくみなどによいとされ、昔から薬用として利用されてきた。近年は成分の研究が進み、保湿効果が高いことが分かり、化粧品への利用も開発されつつある。開花時期に葉を収穫、陰干しして保存する。生の葉を用いるときは必要に応じて随時収穫する。葉は天ぷら、おひたしなどの食用となる。

栽培のポイント：湿り気のある半日陰から日陰でも育つ。

栽培データ　日当たり：☀ ☁　耐寒性：あり
草丈：20〜50cm　広がり：30cm〜

	1	2	3	4	5	6	7	8	9	10	11	12
			種まき・植え付け				種まき・植え付け					
					開花							
						収穫						
			株分け									

ボリジ
Borago officinalis

ムラサキ科　一年草
原産地：地中海沿岸
別名／和名：――／ルリヂシャ
利用部分：花、葉
利用法：お茶、料理、クラフト、切り花、園芸

特徴：その形からフランスでは「牛の舌」とも呼ばれる葉は、キュウリの香りがして、初夏から秋にかけて星形の花を咲かせる。かつて聖母マリアの衣を描くのに使用したマドンナブルーという色は、この花色をもとに作られたという。中世のころには、悲しみや憂鬱をぬぐい去り、勇気と元気を与えてくれるハーブとされ、刺しゅうの図柄にも使われていた。白色の花もあり、清楚で美しい。蜜源植物であり、コンパニオンプランツでもある。サラダや花の砂糖菓子など、料理にも利用できる。

栽培のポイント：日当たり、排水のよい場所を好む。
注意：アレルギーを起こすおそれがあるため、食用には注意する。肝臓疾患、小児、妊婦、授乳中の人は使用を控える。

栽培データ　日当たり：☀　耐寒性：半耐寒
草丈：50cm〜1m　広がり：30cm〜

	1	2	3	4	5	6	7	8	9	10	11	12
				植え付け					植え付け			
					開花							
						収穫						

V 失敗しない、ハーブの育て方と楽しみ方 ● フラックス／ベルガモット／ボリジ／ユキノシタ

レディスマントル
Alchemilla vulgaris(A.xanthochlra)

バラ科　多年草
原産地：ヨーロッパ、北西アジア
別名／和名：──／ハゴロモグサ
利用部分：葉、花
利用法：お茶、ヘルスケア、園芸

特徴：小さな淡い黄緑色の花を咲かせる。柔らかなうぶ毛に覆われた明るい緑色の葉に水滴がつく様子は、日の光に映えて宝石が輝くように見える。かつて中世の錬金術師たちはこのハーブには不思議な力があると信じ、その水滴を集めて「天なる水」と呼んで大切に用いていたという。そのようなことからアラビア語のAlchemelych（小さな魔法＝錬金術）が語源になり、学名Alchemillaがつけられたとされる。収れん、抗炎症作用、女性特有の疾患などによいとされ、葉は乾燥させてお茶に利用する。A.mollisはクラフト、園芸に利用されることが多い。

栽培のポイント：風通し、排水良好な場所を好む。
注意：妊娠中はお茶を飲用しないこと。

栽培データ　日当たり：☀　耐寒性：あり
草丈：30～50cm　広がり：30～50cm

1	2	3	4	5	6	7	8	9	10	11	12
		植え付け									
			開花								
				収穫							
			株分け				株分け				

ルー
Ruta graveolens

ミカン科　多年草
原産地：ヨーロッパ南部
別名／和名：ハーブ・オブ・グレイス、ガーデンルー、ヘンルーダ／──
利用部分：花、葉
利用法：ポプリ、クラフト、切り花、園芸

特徴：学名の一部に「強い香りのする」とついているように、ルーの葉からは個性的な香りがする。魔女や迷信とも結びつきの強いハーブで、かつては身を守ると信じられており、香りの花束には必ず加えられていた。日曜日のミサの聖水にもルーの枝が入れられていたという。切れ込みのある葉形はトランプのクラブのモチーフとなった。初夏に咲く黄色い花はチョウが好む。斑入り葉や、青みがかった葉色の品種もある。

栽培のポイント：日当たり、排水のよい場所を好む。
注意：枝の切り口から出る液汁で皮膚炎を起こすことがあるため気をつける。

栽培データ　日当たり：☀　耐寒性：半耐寒
草丈：40～80cm　広がり：40～60cm

1	2	3	4	5	6	7	8	9	10	11	12
		植え付け						植え付け			
				開花							
			挿し木								

ベランダでハーブを育てるコツ

ハーブは、畑や庭でなければ育たないということはありません。マンションのベランダでもすくすくと育ちます。

ベランダで育てるための下調べ

まず、ベランダの使用規則を確認しましょう。個々のマンションによって管理規約があるため、この点は事前にしっかり把握しておきます。次に我が家のベランダの状態を知るために、以下の点についてチェックシートを作ってみましょう。

- ベランダの重量制限は？　重量オーバーで鉢を並べると危険を伴います。
- 全体の面積、幅や奥行き、ガーデニングに使用できる広さはどのくらい？　ベランダをデザインするときの資材や苗の調達のために調べましょう。
- フェンスの高さと形状は？　フェンスが壁状になっていると、日当たりと風通しに関係します。
- ベランダの床面の状態は？　防水処理が心配な場合は、鉢底皿が必要です。照り返しが強いなら、ウッドパネルなどを敷くなどして工夫しましょう。
- ひさしの長さはどのくらい？　それによって日光や雨の当たり具合が変わり、鉢の置き場所にも影響します。
- ベランダの壁面は鉢を掛けたり、トレリスを設置するためのフックやくぎが打てるか？
- ベランダを囲む自然条件も把握します。東西南北のどの方角に面しているか、一日または季節による日の当たり方を知っておくと便利です。季節によって鉢を移動する必要があるかもしれません。
- 風はベランダをどのように吹き抜けるのか？　角部屋、中央の部屋など部屋の位置や、低層階か高層階かによっても変わります。

以上のことをふまえてプランニングしましょう。チェックシートを参考にしてベランダの見取り図を作り、鉢のレイアウトやデザインを書き込み、彩色したり、本の切り抜きを張ったりすると、より具体的にイメージできます。

上下階の部屋や、隣の部屋に迷惑を掛けることなく、ベランダでの楽しいハーブ栽培を目指しましょう。

季節による配慮

夏のベランダは、床からの照り返しが強くなると、ハーブにとっては暑すぎる環境となります。コンクリート床からの照り返しは、すのこやウッドパネルなどを敷いて防ぎます。また、鉢下の風通しをよくするため、鉢の下にポットフットやレンガなどを置き、蒸れを防ぐとよいでしょう。鉢下にも空気が通ると、ハーブにとって住みやすい環境となります。

冬のベランダはハーブを育てやすい環境といえます。外壁の輻射熱によって暖かい空間ができ、寒さに弱いハーブも冬を乗り越えやすくなるのです。

ベランダの環境をよく見極め、ハーブを育てるのにふさわしい場所になるよう環境をととのえることが大切です。

V　失敗しない、ハーブの育て方と楽しみ方●ベランダでハーブを育てるコツ

ハーブは有益なコンパニオンプランツ

上手にハーブを育てるには、ハーブ自身が持っている力を利用することも必要です。

コンパニオンプランツとは？

植物の中には、一緒に植えることによって互いの生長を助けたり、病害虫を防除したり、香りや味をよくしたりする働きのある品種があります。そのような力を発揮する植物をコンパニオンプランツといいます。コンパニオンプランツは、共栄植物、または共栄作物と訳されます。

コンパニオンプランツの実力

ハーブの強い芳香は、害虫から身を守るためといわれます。発散される揮発性の精油成分が植物の周囲を取り巻くことによって、虫が寄ってこなくなります。コンパニオンプランツで植物の周囲を囲むと、香りのバリアができるイメージです。

逆に、ミツバチのように香りに引き寄せられてくる益虫もいます。

また、根からの分泌物にも害虫を防除する働きがあります。

植物のネグサレセンチュウに有効とされ、神奈川県の栽培農家では、三浦大根の畑にマリーゴールドを植えているとか。

ほかに、トラップ植物（trap plant＝おとり植物）という利用法もあります。特定の植物を助けるために、害虫を引き寄せるおとりの植物をそばに植える方法です。たとえば、キャベツのそばにヒソップを植えると害虫はヒソップに集まり、キャベツの被害は少なくなります。

草丈の高い植物と、日陰でも育つ低い植物を一緒に植えると、日照の具合がうまく分散され、スペースの有効利用にもなります。科が異なる組み合わせは、地中での肥料の分配もうまくいき、微生物の種類も多くなって肥沃な土になるのです。

これらすべてがコンパニオンプランツの効用。実際に活用して、健康で丈夫なハーブ栽培に役立てましょう。

自然界は共存している

森林や野原などの自然界には、さまざまな植物や動物が共存しています。それらがうまく生きていくために地上では天敵、地下には土壌菌や微生物などが働いて、見事な連携プレーをしています。

ハーブのコンパニオンプランツとしての力を大いに利用して、植物や野菜の減農薬を目指しましょう。

コンパニオンプランツ

植物名	ハーブ名	作用
バラ	ガーリック	害虫と病気の予防
バラ	チャイブ	害虫と病気の予防
トマト	バジル	大きな実がなり、風味がアップ
トマト	レモンバーム	風味と収穫量がアップ
ブドウ	ヒソップ	収穫量がアップ
セージ	スイートマジョラム	お互いの生長を助け、風味がアップ
バラ、ラズベリー	ルー	ナメクジなどの害虫の予防
害虫の被害を受けやすい花木	フィーバーフュー	ナメクジなどの害虫の予防

ハーブ栽培の道具と資材

道具や資材は、栽培を長く続けるために大切なもの。土や肥料は、多少高くてもよいものを選びましょう。

納得の道具を見つけよう

用途に合った適切な道具を選びましょう。道具の大きさ、重さ、材質、丈夫さ、持ったときの手へのなじみ具合などがマッチしていれば、作業ははかどります。実用性に加えてデザイン性にも注目したいところです。道具のデザインがよければ使っていて気持ちがよく、作業はさらに楽しくなります。

最近ではおしゃれな園芸店も増え、道具だけでなく、防水性の高いエプロンや、園芸用の長靴などがそろう。ガーデニングファッションにもこだわって栽培ライフを楽しもう。

● コンテナ 
植え込むハーブに合った大きさ、材質、色を考慮して選ぶ。

● 鉢底ネット 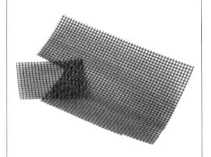
鉢底穴から虫が侵入したり、土がこぼれるのを防ぐために使う。

● 元肥 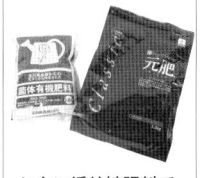
おもに緩効性肥料で、植え込むときに与える。

● 鉢底石 
鉢底の排水性を保つために使用。軽石、大粒の赤玉土など。

● 手袋 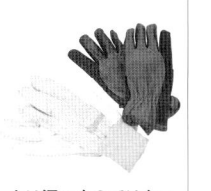
土は汚いものではないが、意外と手が荒れるので必要。

● 移植ごて 
材質と丈夫さ、使いやすさをよくチェックして選ぶ。

● ハーブ用土 
土の酸度(pH)、排水性、保水性などが調整済みの土。

● はさみ 
手にしっくりなじんで、よく切れるはさみは必需品。

● ジョウロ 
ハスロが取り外せるもので、水が入ったときの重さも考えて選ぶ。

● 土入れ 
コンテナに植え込むときに使うと作業がはかどって便利。

● さし棒(下)、へら(上)
土をすき込んだり、さし木のときに使う棒。へらは表面の土を平らにするときに使用。

● 大型の箱
ハーブ用の土を作る際、土、腐葉土、肥料などをまとめて均一に混ぜられる。

道具は、使用後は土を落として洗い、清潔にして、道具箱にひとまとめにしておくと便利。

ハーブの常識

はさみの手入れ方法

刃についた植物のアクを落とすには、手をやっと入れられるくらいの熱い湯にはさみをしばらくつけます。お湯がやや冷めたころ、まだ温かいうちに引き上げてスポンジなどでこすると簡単に落ちます。水分を拭き取り、乾かしてからミシン油などを塗ります。

*ほかに、ふるいもあると、赤玉土の微塵取りや古い土を再利用するときに便利。

苗選びとコンテナ（鉢）選び

植え付けから収穫まで、長いつきあいになります。しっかりした健康な苗を選びましょう。

よい苗の選び方

ハーブの苗は、園芸店やハーブショップ、ホームセンターなどで売られています。また、通信販売で買うこともできます。商品の回転が速く、清潔であることはお店選びのポイントです。**分からないことは、遠慮なくお店のスタッフに質問しましょう。ちゃんと答えてくれるお店なら信頼できます。**

苗は、元気なものを選ぶことが大切です。ひょろひょろとスリムな苗より太くて強い茎、葉と葉の間が間延びすることなく、葉がたくさんついていて、こんもりとした姿で、みずみずしく全体が生き生きとして見えるのが元気な苗です。

また、ポットの中で茎がぐらぐらせず、しっかりと根を張っている苗を選びましょう。ポットの底から黒っぽい根が伸び出しているのは、根詰まりしているおそれがあります。このような苗は避けましょう。

虫がついていたり、葉が黄色くなっていたり黒っぽかったり、粉がふいているようなものもパス。病気になっている場合があります。

コンテナを選ぶ

苗が決まったらピッタリのコンテナを選びます。たとえば、根がまっすぐに伸びるハーブには深さのある鉢を選びましょう。テラコッタ（素焼き）も素敵ですし、ワインの木箱もおしゃれな感じ。コンテナにコンテナをのせる2段重ねもユニークです。

コンテナの素材には、テラコッタ、プラスチック、鉄製などさまざまな材質や形がありますが、**植え込むハーブに合わせて、実用性とデザイン性の両面で満足できるものを選びましょう。**

● ワイヤー製

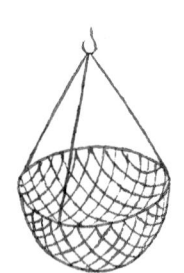

ハンギングバスケット
内側にヤシシートなどのライナーを敷いて使用する。つり下げや壁掛けタイプがある。

● 石製

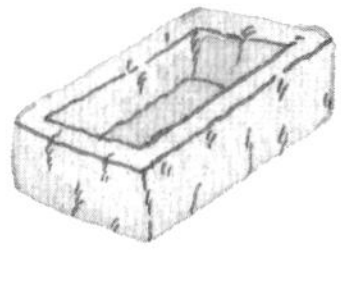

ストーンシンク
石製の流しをコンテナにしたもの。現在ではアンティークとなるものが多い。

● リサイクルペーパー

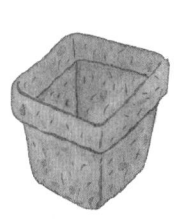

リサイクルポット
リサイクル紙で作られ、使用後は可燃ゴミとなる。耐用年数は1〜2年ほど。

● プラスチック

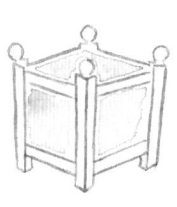

ベルサイユタブ
かつてベルサイユ宮殿ではオレンジの木を植えていた。エレガントでクラッシック。

● テラコッタ／プラスチック

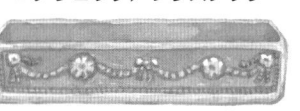

ウインドウボックス テラコッタ製もあるが、ガラス繊維や樹脂で補強された強化プラスチック製は、軽量で耐用にも優れる。

● 木製

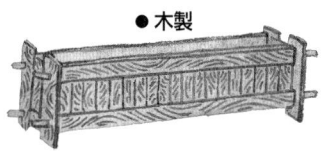

ウインドウボックス 窓の外側に配置できるように横長の形状。木製は、ヨーロッパの建物の窓辺でよく見かける。

コンテナの素材が持つ機能

また、小さな苗はいきなり大きい鉢に植えずに、生長に従って段階的に大きくしていきます。ハーブのサイズに合った鉢を選ぶことが肝心です。

● テラコッタの特徴

テラコッタは、イタリア語で「焼いた土」の意味で素焼き鉢のこと。生産地（生産国）によって焼成温度や色が異なります。高温で焼かれた鉢のほうが、冬期に凍りにくく、割れにくいようです。

● テラコッタのメリット

通気性があるために乾燥を好むハーブに向きます。デザイン性、質感に優れます。

● テラコッタのデメリット

保水性に欠け、鉢の中の土が乾きやすい。重いため、扱いに労力が必要です。

● プラスチックの特徴

以前のチープなイメージからすっかり脱却し、いろいろなカラー展開があり、デザインも豊富。葉や花の模様がレリーフのように描かれ、テラコッタと見間違えるような質感の鉢もあります。鉢底ネットが不要の使い勝手のいいタイプもあります。

● プラスチックのメリット

保水性がよく、鉢の中の土が乾きにくいため、湿度を保ちたいハーブに向きます。水やりの労力が軽減でき、軽量なため扱いやすく、価格が比較的手ごろです。

● プラスチックのデメリット

通気性と保温性に欠ける。また、鉢の中が過湿になりやすい。

ハーブの常識

鉢下の風通しにポットフット

蒸れや湿気が苦手なハーブたち。テラコッタのおしゃれなポットフットやレンガを置いて、風通しをよくしましょう。

● テラコッタ／プラスチック

フレンチアーン
ルネサンス時代に使われたベル型で、台座つきの壺を模写し、コンテナにしたもの。

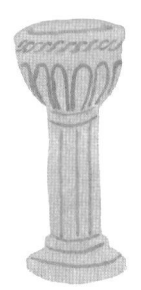

ペデスタル＆ボウル
台座つきのボウル型コンテナで、台座がついているためエレガントな雰囲気。

アリババポット
名前から受ける印象はアラビア的だが、地中海の雰囲気を演出できる。

ストロベリーポット
ポケット（植え穴）がたくさんあり、本来はイチゴ栽培のためのコンテナ。

ウォールポット
壁に掛けて使用するタイプ。さまざまな形やサイズがある。

ハンギングポット
つり下げや、壁に掛ける鉢。いろいろな素材があるが、テラコッタ製は重量に注意。

Ｖ 失敗しない、ハーブの育て方と楽しみ方 ● 苗選びとコンテナ（鉢）選び

土を知って健康なハーブに

植物にとって、土は大切な素材です。よい土に植えられていると根張りがよくなり、病害虫に強くなります。

ハーブが元気に育つために

よい土とは、根にとってよい土です。根は土の中で呼吸しながら生長します。ふかふかの土（団粒構造）なら通気性がよく、さらに保水力、保肥力があれば根のためによい土といえるでしょう。

市販のハーブ用土を利用する

市販されているハーブ用土は、ハーブを育てるために必要な土の条件がクリアされ、pHの調整もできているため、価格的には多少割高になりますが便利です。しかし、市販品でも信用できるメーカーの製品を選んだり、ショップのスタッフに尋ねるなどしてよく見極めることが必要です。

手作り用土を使う

根も土中で呼吸しています。根に新鮮な水と酸素を供給するため、水はけがよく（排水性）、空気がよく通り（通気性）、蒸散や光合成のための水分を保つ（保水性）ことができる土を作ります。やや湿り気があり、ふかふかした土、それが根にとって生長しやすい場所です。多くのハーブは乾燥気味の土を好むため、腐葉土や堆肥、パーライトなどを適宜加えて、ハーブの根にとって理想的な土を作りましょう。

基本的なハーブ用土の割合

赤玉土（小粒）…6
腐葉土…3
パーライト…1

アルカリ性を好むハーブには苦土石灰を加える。量は袋の説明書を参考に。赤玉土はふるいでふるって微塵（粉のような土）を落としておくとさらによい。

土のリサイクル

鉢替えのときなどに出る古い土は団粒が崩れ、古い根も混じり、病害虫が潜んでいることもあります。しかし、用土全体に湿りない要素を補えば再利用が可能です。

手軽な方法としては、用土全体に湿る程度の水をかけ、濃色のビニール袋に入れて口を閉め、直射日光が当たる場所に平らにして置きます。

湿らせるのは熱の回り方をよくするためです。真夏なら3～4週間で消毒できます。ここに赤玉土や腐葉土を足し、排水性、通気性を高めて再利用します。

土の処分の方法

やむを得ず土を捨てる場合も、古い土には枯れ葉、古い根が混じっていたり、細菌、虫などがついていることがあるため、やたらに捨ててはいけません。ゴミとして捨てる場合は、各自治体によってその方法が定められています。不明な場合は、住所地の自治体が管理する清掃事務所などに問い合わせましょう。

苗の植え付け

苗とコンテナを選んだら、いよいよ植え付けです！

植え付け後は観察が大切

苗が土になじみ、コンテナを住処(すみか)とするまで、ていねいに観察しましょう。やがて、コンテナの中で大きくなりすぎた寄せ植えのハーブは、それだけを植え替えるなど、全体のバランスが崩れてきたら、仕立て直します。

●用意するもの

ハーブの苗：フェンネル、オレガノ、イタリアンパセリ各1ポット
土：ハーブ用土、鉢底石各適量
道具：コンテナ、鉢底ネット、さし棒、土入れ、ジョウロ

植え付けから2ヵ月後
フェンネルは花が咲き、オレガノ、イタリアンパセリもグンと伸びた。摘心回数が少なかったのが反省点。

完成
でき上がり。苗のストレスが取れるまで、4～5日は半日陰で休ませてから本来の場所に置く。植え付け直後の水やりの際、メネデールなどの活力剤を規定量に希釈して用いると、その後の生育がよい。

ハーブの常識　鉢のサイズ規格
直径3cm＝1号を基準に、直径が3cm増えるごとに号数が1号ずつ大きくなっていきます。

❶鉢底ネットを敷く 
虫の侵入や土がこぼれるのを防ぐために、鉢底の穴よりやや大きめのサイズで敷く。

❷鉢底石を入れる 
排水性を高めるために必要。鉢底の穴が隠れるくらいを目安に、平らに入れる。

❸土を少し入れる 
ポットを入れて全体のバランスを見るために土を少し入れる。鉢と苗の大きさで量を加減する。

❹ポットのまま入れる 
背の高いものは奥に、縁にしだれるものは手前にするなどしてバランスを見る。

❺ポットから苗を抜く 
苗を抜くとき、ある程度根が回っていないと崩れやすいため、根を傷めないように注意する。

❻苗と土を入れる 
縁から1.5cm程度のウォータースペースを取って土を入れる。根鉢の下にも加減しながら入れる。

❼苗の間に土を入れる 
苗の間に隙間ができているため、根を傷めないようにさし棒で突いて土をすき込む。

❽地表面を平らにする 
くぼんだ所に水が溜まると過湿になるため、地表面ででこぼこしないように平らにする。

❾ジョウロで水やりをする 
ハスロを土表面に近づけるか外して水をやる。鉢底穴からきれいな水が出るまでていねいに。

種まきからのハーブ栽培

栽培初心者は、苗を購入して育てるほうが手軽。でも、種から育てると愛しさもひとしおです。種まきに挑戦しましょう！

種まき栽培の手順

種まきの時期の目安は、春は八重桜の咲くころ、秋はお彼岸のころです。種まきから定植、管理を通して、病害虫に負けない株に育てましょう。

❶ 種のまき方

a ＜床まき＞ 種まき用土を入れた苗床にまく方法。土は湿らせておきます。移植を嫌うハーブにはこの方法は使えません。

b ＜直まき＞ 育てたい場所にまく方法。筋まき（A）は、筋ごとに違う種類をまくこともできます。小さい種はばらまき（B）にし、大きい種は一ヵ所に2〜3粒ずつ点まき（C）にします。

❷ 仮植え＜鉢上げ＞

本葉が5〜6枚になったら、根を切らないように注意して周囲の土を一緒にすくい上げ、鉢かビニールポットに植えます。3〜4日は日陰で管理し、その後、日当たりのよい場所に移動します。土が乾いたらたっぷり水やりし、様子を見ながら摘心して、しっかりとした株に育てます。

❸ 定植

ポットで育てた苗の枝葉がこんもりと茂り、鉢底穴から白い根が見え始めたら、本来育てる場所に植え替え。このとき、根を傷めないように注意します。

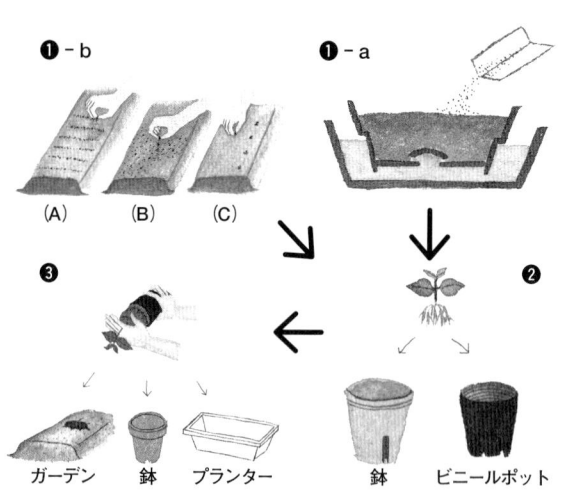

種まきのポイント

● **用土** 種をまくための土は、清潔で肥料分がないものを。バーミキュライトとピートモスを等量混ぜるか、市販の「さし芽種まきの土」を利用するなど、便利な専用製品が出回っています。

● **土をかける** 種まき後、通常、種の大きさの2倍くらいの土をかけます。ただし、発芽には光が必要な種、光があると発芽しにくい種があるため、種のパッケージに記載された説明に従いましょう。

● **発芽について** 発芽するまでは半日陰に置き、土を乾かさないように注意します。水やりは、受け皿に水を入れて鉢底穴から吸水させます。発芽後は、1週間くらいかけて日に当てる時間を徐々に延ばし、発芽がそろったころから、水で薄めた液肥を与えます。

● **水やり** ハス口をつけたジョウロで水やりする場合、種まき直後は種が流れないように慎重にします。発芽後は小さな双葉が傷まないよう注意して、やさしく静かに行いましょう。

日々のケアとそのポイント

植物の世話をしていると、毎日のように、新しい発見に出会えるでしょう。

観察が栽培上手のツボ

ハーブもほかの草花と同じように、毎日様子を見て、声をかけると機嫌よく育ちます。込み合ってきた部分や伸びすぎている枝、葉の色、土の乾き具合などに注意し、必要な作業を行い、病害虫の早期発見に努めます。

丈夫な苗にするための管理

枝葉を多く出させ、こんもりとしっかりした苗にするために、枝先やわき芽のそばの枝を切ります。これを摘心といい、摘心をくり返すと側枝がどんどん伸びて、こんもりと形の良い株になります。摘心をしないと、上にばかり伸びてしまい、未成熟のまま花芽を付けるようになります。

要注意の季節、梅雨をクリア

ほとんどのハーブは、じめじめとした梅雨と夏の高温多湿が苦手です。ゴールデンウイークが終わったころ、梅雨入り前に収穫を兼ねて株全体を半分くらいに切り戻ししたり、込み合っている部分を枝すかしして、風通しをよくしましょう。コンテナを置くとき、下にポットフットを利用すると、コンテナの下に隙間ができ、風が通ってハーブには快適です。長雨の際には、軒下などにコンテナを移動させて回避します。

水やり

土の表面が乾いたら、鉢底穴から水が流れ出るまでたっぷり水やりします。でも、これは基本。天候など、そのときの状態を考慮して加減しましょう。鉢底穴から流れ出るまで水をたっぷり与えるのは、土中にある古い空気と老廃物を押し流し、根に新鮮な空気を送るためです。

肥料

ハーブはそれほど肥料を必要としませんが、次々と収穫するとき、花をたくさん咲かせたいときなどには必要です。その場合、有機質肥料を基本に、使いやすいものを選びましょう。

おすすめの土壌改良材
古くなった土を再利用するワザ

土壌改良材「ヴァラリスバイオポスト」は、フランス農林省認証で1g中に27億個以上の微生物を含んだ、自然の生態系を壊さない100％植物性の安全な土壌改良剤。植え替え時に、土の1～3割程度の量を混ぜるだけで、バランスのよい肥沃な団粒構造の土に改良してくれる。

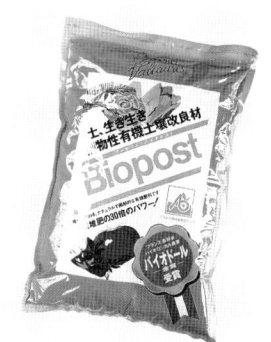

ヴァラリスバイオポスト(1.5kg)2100円
㈲ヴァラリス商会 ☎03-3478-8261
http://www.vallauris.co.jp/

病害虫予防と対策

どんな植物にも病害虫は発生します。早期発見、早期対処で、被害を最小限に食い止めます。

よい用土が肝心

ハーブは比較的病害虫に強い植物ですが、ときには被害に遭います。いちばん大切なことは、よい用土とよい環境で健全な株に育てること。枯れ葉や雑草は常に取り除いて、きれいにしておきます。

害虫出現時の対処

ハーブは飲食用にすることが多いため、なるべく薬剤を使わないようにします。病気の部位は取り除き、ほかのハーブに移らないよう隔離します。虫は、箸などでつまみ取ります。アブラムシは手袋をはめた指で取り除き、被害の多い枝は切り取ります。

薬剤の使用について

ハーブは、無農薬栽培が理想ですが、無農薬栽培は手間がかかり、病害虫の被害に遭うことも多々あります。また、農薬を用いることは、必ずしも悪いことではありません。考えすぎると栽培自体がストレスになってしまうため、自分なりのルールを設定し、折り合いをつけながら楽しみましょう。

- ●環境を整えて、適切な管理をする。
- ●コンパニオンプランツを利用する。
- ●常によく観察し、早期発見に努める。
- ●植物エキス利用の防除液を作る。
- ●薬剤は残留性の低いものを選ぶ。
- ●薬剤の使用回数を決める。

早期発見を心がけ、植物エキスによる防除液の使用で被害はかなり少なくなります。そして、被害を受けた場合の許せる範囲をあらかじめ決めておき、被害の程度が自分の許容範囲を超えたと思ったら、薬剤を使用します。使用回数も1年で2回までなどと決めれば、ストレスは軽減します。ハーブも相乗的にのびのびと元気に育つように感じるでしょう。薬剤の使用で迷ったら、まずは自分に合ったルール作りをしてみましょう。

ハーブで作る害虫防除液

ハーブと木酢液などを利用して作るオーガニックなスプレー剤。殺菌、抗菌、駆虫作用などが期待されます。

作り方は、ビンなどの密閉容器に基本の分量としてドライのレッドペッパー4g、ガーリック20g、コモンタイム、コモンラベンダー、ペパーミント、ナスタチウム、ドクダミなどを各適量入れ、焼酎500cc程度を注ぎ、1ヵ月以上つけ込み、それをこした液に木酢液200ccを加えて混ぜます。使用の際には水で500倍以上に薄め、展着剤として黒糖（黒蜜糖、黒砂糖でも可）少々を入れます。

ハーブビネガーも虫よけに

食用よりも濃いめに作ったハーブビネガー（P35参照）を水で500～1000倍程度に薄めて使用します。うどん粉病にある程度有効と考えられます。

ハーブ栽培に必要な肥料

最近は肥料の性能が格段によくなっており、少量でも生育によく効くようになっています。

与えすぎは禁物

ハーブが健やかに育つための条件の一つは養分です。足りない養分は肥料で補いますが、与えればよいというわけではありません。多すぎると肥料負けして生育が悪くなったり、枯死することもあります。肥料は、適切な種類と量を生育の様子を見て施肥するのが大切です。

肥料の三要素

ハーブに必要とされる栄養素のなかでもチッソ（N）、リン酸（P）、カリ（K）は特に重要な役割を持ち、土壌中で欠乏しやすいため、肥料の三要素と呼ばれます。

チッソ（N）は葉や茎を育てる「葉肥え」、リン酸（P）は花、果実のつき方に役立つ「花肥え・実肥え」、カリ（K）は、根の生育をよくする「根肥え」と呼ばれます。しかし、これらは1つの成分だけで働くのではなく、さまざまな成分がお互いに助け合ってよい作用をします。

三要素、N：P：Kの割合

肥料に含まれるチッソ、リン酸、カリの量を知るには、パッケージやボトルに明記されているN（チッソ）：P（リン酸）：K（カリ）の含有率の数字を見ればわかります。それらの割合で、いつ、どんな肥料を施せばよいか、使い分けることができます。

Pの数値が大きいものは、リン酸を多く含み、花や実のつき方をよくしたいときに向き、元肥や追肥にも使います。三要素の数値が同じものは、ほとんどのハーブに使えます。また、特に苗を植え付けた後など、生育初期、株を充実させたいとき、元肥、追肥にも向きます。PやKよりNの数値が大きいものは、葉色を

よくしたい観葉植物、芝生、樹木、葉菜類に向き、また、生育を促進したいときに使います。

肥料の種類

肥料は大きく有機質肥料と無機質肥料に分けられます。有機質肥料は、動物質、植物質を原料としている天然肥料。土をよくする働きがあり、元肥などに向いています。発酵済みのものがよいでしょう。

無機質肥料とは、化学肥料のことです。速効性のものや、コーティング技術で緩効性になっている肥料もあります。また、熔リン、塩化カリなどのように三要素のうち1種類だけを含んでいる単肥と、三要素のうち2種類以上を含み、さらにバランスよく配合してある化成肥料などがあります。速効性があるのは液体肥料です。

配合肥料とは、数種類の無機質肥料と有機質肥料を配合してある肥料です。

株分けと挿し木の方法

株分けは、多年草の健全な生育に欠かせません。挿し木は意外と簡単にできて殖やせるので、楽しい作業です。

株分けで殖やす

フェンネルのようなセリ科や、レモングラスなどのイネ科のハーブは挿し木に向かないため、株分けで殖やします。春か秋、花が咲いていない時季に行います。株をそれぞれに根がついた状態で切り分け、小さな鉢に植え付けます。半日陰で管理し、新芽が出はじめたら日光に当てます。

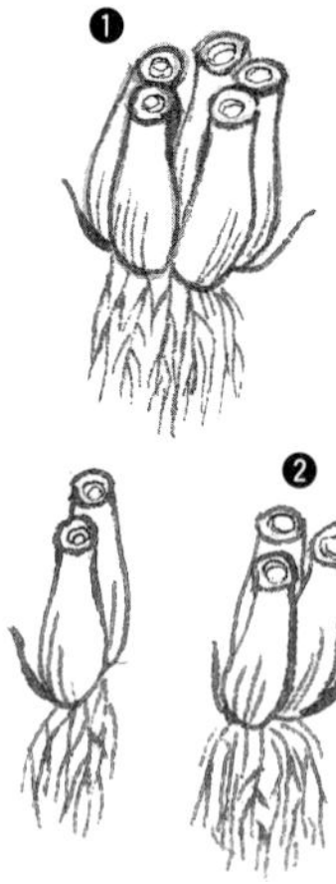

❶枯れ葉、古い根ははさみで切ってととのえる。
❷株を切り分け、根が絡んでいる場合ははさみで切る。
❸それぞれを小さな鉢に植え付ける。

手軽な挿し木にトライ！

多くのハーブは挿し木で殖やせます。ペットボトルを容器に使う挿し木の方法は、ハーブ研究家の桐原春子先生から伝受しました。

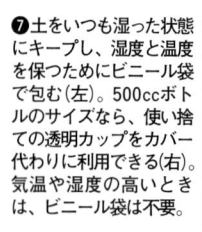

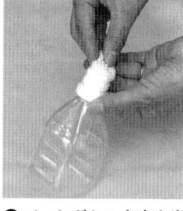

❶ペットボトルを高さ半分に切り、注ぎ口に脱脂綿をつめる。
❷❶に赤玉土(小粒)を入れる。ペットボトルの底側を口側の受け皿としてセットする。
❸水を注いで通し、下に落ちきるのを待って汚れた水は捨て、澄んだ水が出るまでくり返す。 
❹❸の工程の間に、挿し穂の下2/3の部分の葉を落とし、発根促進剤をつける。
❺土に穴を開け、❹の挿し穂の下2～3節が土に入るようにさす。 
❻ボトルの切り口の大きさに合わせて挿し穂を挿す。500ccボトルで3～4本、葉が触れ合う程度。 
❼土をいつも湿った状態にキープし、湿度と温度を保つためにビニール袋で包む(左)。500ccボトルのサイズなら、使い捨ての透明カップをカバー代わりに利用できる(右)。気温や湿度の高いときは、ビニール袋は不要。  

《材料》
十分に水あげしたハーブの挿し穂10～15cm長さ3～4本　ペットボトル(500cc程度)1本　脱脂綿、または水苔適量　赤玉土(小粒)、発根促進剤各適量

栽培用語解説

V 失敗しない、ハーブの育て方と楽しみ方 ● 株分けと挿し木の方法／栽培用語解説

一年草 発芽後1年以内に開花結実し、その後、株全体が枯死して種が残る草本性植物のこと。

枝すかし 蒸れないように込み合っている部分の枝を切り、株の間に風が吹き抜けるようにすること。

花茎 葉はつけず、先端に花だけをつける茎。

花序 1本の茎に咲く花の配列の仕方。また、花のついた茎全体のこと。

花柄 花の柄。花序の花のつく枝のこと。

距 萼や花の基部近くが狭長で管状になり、袋状に突出した部分のこと。

切り戻し 株全体の大きさを半分、または1/3くらいに切り、コンパクトにすること。梅雨前、越夏、越冬に備えて行うことが多い。

嫌光性種子 光があると発芽が抑制され、暗黒条件下で発芽が促進される種のこと。種まきの覆土は行い、暗所で管理する。

好光性種子 発芽するとき、光によって発芽が促進される種のこと。種まきの覆土は行わない、または、ごく薄く行う。

根茎 地下で横に伸びる茎が肥大し、ショウガのような形になり、茎や根が生じる球。

宿根草 1年のうちの一定期間、地上部が枯死する多年草で、地下茎と根が越冬、越夏など

条件がよくなると再び生長するもの。

草本 木部があまり発達せず、柔らかな草質の茎を持つ植物のこと。

耐寒性 冷涼地産で、冬季の気温がマイナス11℃以下まで耐えられる植物の性質のこと。

多年草 草本の中で、2年以上から多年にわたって生育する植物。一定期間、地上部が枯死するものと、常緑のものがある。

追熟 果実などを収穫後に完熟させること。十分に熟す前に摘み取り、その後、芳香や色などの外観、あるいは胚が成熟すること。

追肥 元肥を施したあと、植物の生育期間が長いときや、生育が旺盛な場合、肥料不足で生育を止めないよう、様子を見ながら与える肥料のこと。速効性肥料、または緩効性肥料を施す。

摘心 茎の先端部を摘み取ったり切り戻すこと。残った部分の栄養状態をよくし、側枝の発生と伸張を促す。

二年草 発芽後、その年には開花せずに翌年に開花結実し、その後枯死して種が残る草本植物のこと。開花には冬の低温にさらされることが必要になる。

根鉢 ビニールポットや鉢の中にある根と土全体のこと。

半耐寒性 温暖地産で、冬季の気温がマイナス10℃まで耐えられる植物の性質のこと。

半日陰 木もれ日程度の日当たりがあること。

非耐寒性 熱帯地産で、冬季の気温が3℃まで耐えられる植物の性質のこと。戸外での越冬は無理なため、室内に入れる必要がある。

覆土 まいた種子の上に種まき用の土をかけること。通常は種子の2〜3倍の厚さに覆土する。

不稔性 植物が開花したとき、受粉能力を有しないこと。従って種が生じない。

苞葉 苞ともいい、花芽やつぼみを保護するために花の下や葉の上につく、花のように見える特殊な形をした葉のこと。

間引き 生育に適切な栽培スペースを保つため、生長の遅いもの、早いもの、徒長したもの、形の悪いものなどを引き抜く作業のこと。

木本 木になる植物の仲間で、木部がよく発達して、固い丈夫な多年性の茎を持つ植物のこと。

元肥 苗の植え付け、植え替え、種まき、株分けなどのときに施す肥料のことで、緩効性または遅効性の肥料が適している。

葉柄 葉身と茎をつなぐ柄の部分。葉身と茎の間の養水分などの輸送路になり、葉身を支える役目もする。

葉身 葉の広がった部分のことで、葉の本体ともいえる部分。

鱗茎 球根の一種で、短い茎の回りに葉や葉の基部が多肉化して貯蔵器官となり、鱗片葉となり、ユリ根のように球状に重なったもの。

項目	ページ
デッドネトル	138
トウガラシ→レッドペッパー	67
トウヒ→ユズ	66
ドクダミ	18

ナ

項目	ページ
ナスタチウム	64
ナツシロギク→フィーバーフュー	141
ニオイイリス→オリス	134
ニオイスミレ→スイートバイオレット	137
ニオイゼラニウム→センテッドゼラニウム	118
ニオイテンジクアオイ→センテッドゼラニウム	118
ニオイニンドウ→ハニーサックル	139
ニオイマンジュギク→ミントマリーゴールド	122
ニガウリ	64
ニガヨモギ→ワームウッド	123
ニゲラ	139
ニンニク→ガーリック	54
ネトル	65
ノイチゴ→ワイルドストロベリー	24

ハ

項目	ページ
バイブルリーフ→コストマリー	116
パクチー→コリアンダー	56
ハゴロモグサ→レディスマントル	144
ハジカミ→サンショウ	57
ハジカミ→ショウガ	58
バジリコ→スイートバジル	59
バチェラーズボタン→タンジー	119
ハトムギ	18
ハナハッカ→オレガノ	53
ハニーサックル	139
ハーブ・オブ・グレイス→ルー	144
パープルコーンフラワー→エキナケア	81
バラ→ローズ	85
バラノミ→ローズヒップ	23
バルサムギク→コストマリー	116
バルバドスアロエ→アロエベラ	81
バンコウカ→サフラン	56
ヒース→ヘザー	19
ヒソップ	140
ビーバーム→ベルガモット	142
ヒメウイキョウ→キャラウェイ	54
ビューグル	140
ヒロハラワンデル→コモンラベンダー	83
フィーバーフュー	141
フェンネル	65
フォックスグローブ	141
フラックス	142
ブラッククミン→ニゲラ	139
ブルーボトル→コーンフラワー	137
ブルーマロウ→コモンマロウ	16
フレンチタラゴン	66
フレンチパースリー→イタリアンパセリ	53
フロミス・フルティコサ→エルサレムセージ	132
ヘアリーマウンテンミント→マウンテンミント	122
ベイ→ローリエ	68
ベイリーフ→ローリエ	68
ヘザー	19
ベニバナ	120
ペパーミント	19
ベルガモット	142
ベルベーヌ→レモンバービーナ	22
ヘンルーダ→ルー	144
ボウシュウボク→レモンバービーナ	22
ボダイジュ→リンデン	21
ホットペッパー→レッドペッパー	67
ポットマリーゴールド	20
ホップ	121
ボリジ	143

マ

項目	ページ
マウンテンミント	122
マジョラム→スイートマジョラム	59
マトカリア→フィーバーフュー	141
マートル	121
マヨラナ→スイートマジョラム	59
マルバダイオウ→ルバーブ	67
マロウ→コモンマロウ	16
マンネンロウ→ローズマリー	85
ミズゼリ→セリ	61
ミドリハッカ→スペアミント	60
ミントマリーゴールド	122
ムラサキバレンギク→エキナケア	81
メキシカンタラゴン→ミントマリーゴールド	122
メディカルティーツリー→ティーツリー	84
メドウスイート	20
メボウキ→スイートバジル	59
メリッサ→レモンバーム	23
モナルダ→ベルガモット	142
モンクスペッパー→チェイストツリー	138

ヤ

項目	ページ
ヤクヨウサルビア→コモンセージ	82
ヤグルマギク→コーンフラワー	137
ヤナギハッカ→ヒソップ	140
ユ→ユズ	66
ユーカリ	84
ユーカリノキ→ユーカリ	84
ユキノシタ	143
ユズ	66
ヨウシュジュウニヒトエ→ビューグル	140
ヨモギギク→タンジー	119
ヨーロッパキイチゴ→ラズベリー	21
ヨーロッパクサイチゴ→ワイルドストロベリー	24

ラ

項目	ページ
ライム→リンデン	21
ラズベリー	21
ラベンダー→コモンラベンダー	83
ラミウム→デッドネトル	138
ラムズイヤー	123
リナム→フラックス	142
リンシード→フラックス	142
リンデン	21
ルー	144
ルッコラ→ロケット	69
ルバーブ	67
ルリヂシャ→ボリジ	143
レッドペッパー	67
レディスマントル	144
レモンガヤ→レモングラス	22
レモングラス	22
レモンソウ→レモングラス	22
レモンタイム	68
レモンバービーナ	22
レモンバーベナ→レモンバービーナ	22
レモンバーム	23
ロエ→アロエベラ	81
ロカイ→アロエベラ	81
ローズ	85
ローズヒップ	23
ローズマリー	85
ローゼリソウ→ローゼル	24
ローゼル	24
ローリエ	68
ローレル→ローリエ	68
ロケット	69

ワ

項目	ページ
ワイルドストロベリー	24
ワイルドマジョラム→オレガノ	53
ワサビ	69
ワタスギギク→サントリーナ	117
ワタチョロギ→ラムズイヤー	123
ワームウッド	123

ハーブ苗の生産者&販売業者・ハーブ関連商品ショップ

ハーブナーセリー 苗が中心のハーブショップ。通信販売あり

三笠園芸　ミカサハーバリー
東京都世田谷区瀬田3-2　☎03-3700-2221

玉川園芸　日野春ハーブガーデン　http://hinoharu.com
山梨県北杜市長坂町日野2910　☎0551-32-2970

ハーブショップYOU'樹　http://www.herb-youki.com
山梨県中巨摩郡昭和町上河東390　☎055-275-0480

ガーデニングショップ ハーブ苗が充実している園芸店

日本橋三越本店チェルシーガーデン
http://www.mitsukoshi.co.jp/store/1010/chelsea/
東京都中央区日本橋室町1-4-1　☎03-3241-3311

プロトリーフガーデンアイランド玉川　http://www.protoleaf.com/
東京都世田谷区瀬田2-32-14　☎03-5716-8787

ヨネヤマ プランテイション　ザ・ガーデン本店
http://www.yoneyama-pt.co.jp
神奈川県横浜市港北区新羽町2582　☎045-541-4187

ハーブショップ ハーブ関連商品が中心で苗も扱う。通信販売あり

カリス成城本店　http://www.charis-herb.com
東京都世田谷区成城6-15-15　☎03-3483-1960・店舗☎03-3483-1981

生活の木　原宿表参道店　http://www.treeoflife.co.jp
東京都渋谷区神宮前6-3-8　☎03-3409-1778

サンファーム商事　ハーブセンター　http://www.sun-farm.co.jp
東京都千代田区東神田1-13-18　☎03-3866-1712

ハーブ図鑑索引

※図鑑ページの索引です。

ア

- アイ→タデアイ ･･････････････････ 119
- アオジソ→シソ ･････････････････ 58
- アカジソ→シソ ･････････････････ 58
- アキウコン・ターメリック ･･･････ 83
- アジュガ→ビューグル ･･･････････ 140
- **アーティチョーク** **52**
- アニシード→アニス ･･････････････ 52
- **アニス** **52**
- **アニスヒソップ** **114**
- アブサント→ワームウッド ･･･････ 123
- アマ→フラックス ･･･････････････ 142
- アマハステビア→ステビア ･･･････ 17
- アルセム→ワームウッド ･････････ 123
- **アロエベラ** **81**
- **イカリソウ** **132**
- イタリアンニンジンボク→チェイストツリー ･･ 138
- **イタリアンパセリ** **53**
- イヌエ→シソ ･･････････････････ 58
- イヌハッカ→キャットニップ ･････ 115
- イノンド→ディル ･･･････････････ 63
- イリス→オリス ･････････････････ 134
- イングリッシュラベンダー→コモンラベンダー ･･ 83
- インディアンクレス・ナスタチウム ･･ 64
- インヨウカク→イカリソウ ･･･････ 132
- ウイキョウ→フェンネル ････････ 65
- ウイキョウゼリ→チャービル ･････ 62
- ウォータークレス→クレソン ･････ 55
- ウケラ→オケラ ････････････････ 133
- ウコン→ターメリック ･･････････ 83
- ウスベニアオイ→コモンマロウ ･･ 16
- ウッドバイン→ハニーサックル ･･ 139
- **エキナケア** **81**
- エキナセア→エキナケア ････････ 81
- エストラゴン→フレンチタラゴン ･･ 66
- エゾイチゴ→ラズベリー ････････ 21
- エゾネギ→チャイブ ･･････････････ 63
- エゾヘビイチゴ→ワイルドストロベリー ･･ 24
- エバーラスティング→カレープラント ･･ 114
- エールコスト→コストマリー ･････ 116
- **エルサレムセージ** **132**
- オオバ→シソ ･･････････････････ 58
- **オケラ** **133**
- オニタチバナ→ユズ ･･････････････ 66
- オニナベナ→チーゼル ･･･････････ 120
- オランダガラシ→クレソン ･･･････ 55
- オランダセキチク→クローブピンク ･･ 115
- オランダワレモコウ→サラダバーネット ･･ 57
- **オリス** **134**
- **オリーブ** **133**
- **オレガノ** **53**

カ

- ガーデンセージ→コモンセージ ･･ 82
- ガーデンソレル→ソレル ････････ 61
- ガーデンタイム→コモンタイム ･･ 82
- ガーデンバーネット→サラダバーネット ･･ 57
- ガーデンミント→スペアミント ･･ 60
- ガーデンルー→ルー ･････････････ 144
- カミツレ→ジャーマンカモマイル ･･ 16
- ガムツリー→ユーカリ ･･･････････ 84
- カメムシソウ→コリアンダー ･････ 56
- カモミール→ジャーマンカモマイル ･･ 16
- カラミンサ→カラミント ････････ 134
- **カラミント** **134**
- **ガーリック** **54**
- カレンデュラ→ポットマリーゴールド ･･ 20
- **カレープラント** **114**
- カロンジ→ニゲラ ･･･････････････ 139
- カワナ→セリ ･･････････････････ 61
- **観賞用オレガノ** **135**
- **観賞用セージ** **135**
- キジンソウ→ユキノシタ ････････ 143
- キダチハッカ→セイボリー ･･･････ 60
- キダチヨモギ→サザンウッド ･････ 117
- キツネノテブクロ→フォックスグローブ ･･ 141
- キバナスズシロ→ロケット ･･････ 69
- **キャットニップ** **115**
- キャットミント→キャットニップ ･･ 115
- **キャラウェイ** **54**
- ギョウリュウモドキ→ヘザー ･････ 19
- キンセンカ→ポットマリーゴールド ･･ 20
- ギンバイカ→マートル ･･････････ 121
- キンレンカ→ナスタチウム ･･･････ 64
- クイーンオブザメドウ→メドウスイート ･･ 20
- **グラウンドアイビー** **136**
- クルクマ→ターメリック ････････ 83
- グレコマ→グラウンドアイビー ･･ 136
- **クレソン** **55**
- クレノアイ→ベニバナ ･･････････ 120
- クロタネソウ→ニゲラ ･･････････ 139
- **クローブピンク** **115**
- **クロモジ** **136**
- ゲッケイジュ→ローリエ ････････ 68
- **ゲットウ** **55**
- コウスイボク→レモンバーベナ ･･ 22
- コウボウムギ→ハトムギ ････････ 18
- コウヤカミツレ→ダイヤーズカモマイル ･･ 118
- コエンドロ→コリアンダー ･･･････ 56
- コジソウ→ユキノシタ ･･････････ 143
- **コストマリー** **116**
- コットンラベンダー→サントリーナ ･･ 117
- コモンカラミント→カラミント ･･ 134
- **コモンセージ** **82**
- **コモンタイム** **82**
- **コモンマロウ** **16**
- **コモンヤロウ** **116**
- **コモンラベンダー** **83**
- ゴーヤー→ニガウリ ･･････････････ 64
- **コリアンダー** **56**
- ゴールデンマーガレット→ダイヤーズカモマイル ･･ 118
- **コーンフラワー** **137**

サ

- **サザンウッド** **117**
- サフラワー→ベニバナ ･･････････ 120
- **サフラン** **56**
- サフランクロッカス→サフラン ･･ 56
- サボリー→セイボリー ･･････････ 60
- サマーセイボリー→セイボリー ･･ 60
- **サラダバーネット** **57**
- **サンショウ** **57**
- サントリナ→サントリーナ ･･････ 117
- **サントリーナ** **117**
- サンニン→ゲットウ ･･････････････ 55
- シェルジンジャー→ゲットウ ･････ 55
- ジギタリス→フォックスグローブ ･･ 141
- **シソ** **58**
- シコクムギ→ハトムギ ･･････････ 18
- シブレット→チャイブ ･･････････ 63
- ジャイアントヒソップ→アニスヒソップ ･･ 114
- ジャパニーズホースラディッシュ→ワサビ ･･ 69
- **ジャーマンカモマイル** **16**
- 香菜（シャンツァイ）→コリアンダー ･･ 56
- ジュウヤク→ドクダミ ･･････････ 18
- **ショウガ** **58**
- ショクヨウダイオウ→ルバーブ ･･ 67
- ジンジャー→ショウガ ･･････････ 58
- **スイートバイオレット** **137**
- **スイートバジル** **59**
- スイートフェンネル→フェンネル ･･ 65
- **スイートマジョラム** **59**
- スイートマリーゴールド→ミントマリーゴールド ･･ 122
- スイバ→ソレル ････････････････ 61
- スエツムハナ→ベニバナ ････････ 120
- スカンポ→ソレル ･･･････････････ 61
- スタキス→ラムズイヤー ････････ 123
- スティンギングネットル→ネトル ･･ 65
- **ステビア** **17**
- **スペアミント** **60**
- **セイボリー** **60**
- セイヨウイラクサ→ネトル ･･･････ 65
- セイヨウオトギリソウ→セントジョーンズワート ･･ 17
- セイヨウカキドオシ→グラウンドアイビー ･･ 136
- セイヨウカラハナソウ→ホップ ･･ 121
- セイヨウキランソウ→ビューグル ･･ 140
- セイヨウシナノキ→リンデン ･････ 21
- セイヨウタンポポ→ダンデライオン ･･ 62
- セイヨウナツユキソウ→メドウスイート ･･ 20
- セイヨウニンジンボク→チェイストツリー ･･ 138
- セイヨウノコギリソウ→コモンヤロウ ･･ 116
- セイヨウハッカ→ペパーミント ･･ 19
- セイヨウヤマハッカ→レモンバーム ･･ 23
- **セリ** **61**
- セルフィーユ→チャービル ･･･････ 62
- **センテッドゼラニウム** **118**
- **セントジョーンズワート** **17**
- **ソレル** **61**

タ

- タイマツバナ→ベルガモット ････ 142
- **ダイヤーズカモマイル** **118**
- タゼリ→セリ ･･････････････････ 61
- タチジャコウソウ→コモンタイム ･･ 82
- **タデアイ** **119**
- **ターメリック** **83**
- タラゴン→フレンチタラゴン ･････ 66
- **タンジー** **119**
- **ダンデライオン** **62**
- **チェイストツリー** **138**
- **チーゼル** **120**
- **チャイブ** **63**
- **チャービル** **62**
- チョウショウ→クロモジ ････････ 136
- チョウセンアザミ→アーティチョーク ･･ 52
- チリペッパー→レッドペッパー ･･ 67
- ツルレイシ→ニガウリ ･･････････ 64
- **ティーツリー** **84**
- ティートリー→ティーツリー ････ 84
- **ディル** **63**

159

永田ヒロ子（ながた　ひろこ）

1979年、日本のポプリの第一人者、熊井明子氏のポプリの会に入会、氏に師事し、ハーブに出合う。ハーブについて高橋良孝氏、桐原春子氏に、ハーブ料理について北村光世氏に学ぶ。98年に東京都立園芸高等学校園芸技術専修科卒業。93～2007年コミュニティクラブたまがわポプリの会講師。06年8月インターネットマガジン日経ウーマン日替わり講座「きょうから始めるハーブ生活」連載。現在は、ポプリを中心にハーブの普及に努める。グリーンアドバイザー、英国ハーブソサエティー会員、アメリカハーブソサエティー終身会員、英国王立園芸協会日本支部会員、国際香りと文化の会会員。
著書に、『ハーブ・ガーデン』（講談社）がある。

イラスト ● 小牧 盟
写真撮影・提供 ● 講談社写真部（林 桂多、楠田 守、山口隆司、森 清、
　　　　　　　　田代真一）、講談社資料センター
　　　　　　　　アルスフォト企画、猪子則子、JA田子町、永田ヒロ子
装丁・本文デザイン ● 伊勢弥生（DNPメディア・アート）
編集協力 ● 講談社エディトリアル
　　　　　　青木 有希子（オフィスAOKI）
取材・撮影協力 ● 玉川園芸、ハーブショップ YOU'樹、
　　　　　　　　ハーブハーモニーガーデン、宮崎恭子
本文組版 ● DNPメディア・アート

今日から使えるシリーズ
決定版 育てる・楽しむ 失敗しないハーブ作り
2009年3月19日　第1刷発行

著　者　永田ヒロ子
発行者　鈴木 哲
発行所　株式会社 講談社
　　　　〒112-8001　東京都文京区音羽2-12-21
編集部　☎03-5395-3527
販売部　☎03-5395-3625
業務部　☎03-5395-3615
印刷所　大日本印刷株式会社
製本所　大口製本印刷株式会社

定価はカバーに表示してあります。
本書の無断複写（コピー）は著作権法上での例外を除き、禁じられています。
落丁本・乱丁本は購入書店名を明記のうえ、小社業務部あてにお送りください。
送料は小社負担にてお取り替えいたします。
なお、この本の内容についてのお問い合わせは、生活文化第一出版部あてにお願いいたします。
©Hiroko Nagata 2009,Printed in Japan
ISBN978-4-06-280778-4

ハーブ関連図書
（この本を書くために参考にした図書、資料など）

愛のポプリ　熊井明子著　講談社　1980年

桐原春子のエンジョイ・ハーブ
桐原春子著　誠文堂新光社　2001年

ハーブスパイス館　小学館　2000年

原色百科世界の薬用植物
マルカム・スチュアート原編　難波恒雄編著
難波洋子、鷲谷いづみ訳
エンタプライズ　1988年

メッセゲ氏の薬草療法　モーリス・メッセゲ著
高山林太郎訳　自然の友社　1980年

ハーブの写真図鑑　レスリー・ブレムネス著
日本語版監修 高橋良孝
日本ヴォーグ社　1995年

まいにちハーブ　高橋良孝著
大泉書店　1998年

はじめてのハーブ作り　主婦の友社　1997年

薬草カラー図鑑　井沢一男著
主婦の友社　1990年

日本のハーブ事典
村上志緒著　東京堂出版　2002年

ハーブを楽しむ　主婦と生活社　1984年

原色版 沖縄園芸百科　新報出版　1986年

Herbal　Deni Bown　Pavilion Books
Ltd.　2001年

The Ultimate Book of Herbs &
Herb Gardening　Jessica Houdret
Lorenz Books　1999年

A-Z of Companion Planting
Pamela Allardice
Cassell Publishers Ltd.　1993年

The Magic of Herbs　Jane Newdick
Salamander Books　1991年

The Complete Book of
Container Gardening　Peter McHoy,
Tim Miles, Roy Cheek, Alan Toogood
Trafalgar Square Publishing　1991年

※本書は『ハーブ・ガーデン』（講談社）を元に再編集、加筆したものです。